U0308987

鄂东地区中小学校舍砌体结构与单跨框架结构加固方法的优化选择

2019年度湖北省建设科技计划项目

建筑加固方法研究

周玉玲 著

中国原子能出版社

图书在版编目(CIP)数据

建筑加固方法研究 / 周玉玲著. --北京:中国原子能出版社,2020.7

ISBN 978-7-5221-0668-7

Ⅰ.①建… Ⅱ.①周… Ⅲ.①建筑物一加固一工程技术一研究 Ⅳ.①TU746.3

中国版本图书馆 CIP 数据核字(2020)第 114871 号

内 容 简 介

随着科学技术的不断发展和人们对工程技术的深入研究,加固技术以及由此发展而来的整体顶升技术的出现使历史建筑完好地得到保护成为可能,其应用具有显著的经济效益、社会效益和环保效益。本书以广西省贺州市望高镇真武关岳庙为例对其整体顶升中采用的钢管混凝土桩反力顶升技术进行介绍。此外,还对 BFRP 筋预应力加固钢筋混凝土梁的抗弯性能、预应力碳纤维筋加固钢筋混凝土梁的性能等进行了研究。本书结构合理,条理清晰,内容丰富新颖,是一本值得学习研究的著作。

建筑加固方法研究

出版发行	中国原子能出版社(北京市海淀区阜成路 43 号　100048)
责任编辑	张　琳
责任校对	冯莲凤
印　刷	北京亚吉飞数码科技有限公司
经　销	全国新华书店
开　本	787mm×1092mm　1/16
印　张	16.5
字　数	296 千字
版　次	2021 年 5 月第 1 版　2021 年 5 月第 1 次印刷
书　号	ISBN 978-7-5221-0668-7　　定　价　80.00 元

网址:http://www.aep.com.cn　　E-mail:atomep123@126.com
发行电话:010-68452845　　版权所有　侵权必究

前　言

　　改革开放后,我国经济建设、科学技术得到突飞猛进的发展,然而,在工程技术进步、城市规划扩展过程中,经常会遇到具有特殊意义和功能而不宜拆迁的建筑物或者构筑物。例如,许多具有历史价值的古建筑,由于多年的地质变化导致室内外地坪相差较大,从而影响建筑的外观或者不能完全发挥其作用;一些建造在较差地质上的建筑物、构筑物,通常由于结构选型、重心位置、地基承载力等原因产生不均匀沉降,从而产生倾斜、破损甚至倒塌,也使建筑功能的发挥受到严重影响。面对这些情况,传统的做法只能是将其拆除,然后花费高昂的代价处理废弃的建筑垃圾,并选择地址进行重建。这种做法,不但造成了巨大的资源浪费和经济损失,而且对于那些具有历史文物价值的古老建筑而言,破坏拆除还会对文物保护带来不可估量的损失。

　　随着科学技术的不断发展和人们对工程技术的深入研究,加固技术的出现和应用使得具有一定历史价值的建筑完好地得到保护成为可能。整体顶升技术的出现和发展,则是加固工程中一个新的突破,它的应用较大地拓宽了传统的加固领域,积极地推动了加固事业的发展,并且在实际应用过程中,取得了显著的经济效益、社会效益和环保效益。

　　整体顶升技术是在保证现有建筑物、构筑物整体性和可用性的条件下,将其整体抬升到一个新的位置。其基本工作原理为采用机械原理或者其他工作原理,使用千斤顶或其他顶升器具,对需要抬升的建筑物、构筑物施加向上的顶推力,在力的作用下促使建筑物、构筑物的上部结构与地基完全分离,形成可移动体,在持续的顶推力作用下完成建筑物、构筑物的同步向上顶升移位,直到其达到设计高度。

　　与传统顶升方法不同,在广西壮族自治区贺州市望高镇真武关岳庙整体顶升中采用的是钢管混凝土桩反力顶升技术——简称 PR 技术(Pile Reaction Technology),它是利用加压装置或油压千斤顶的作用力,以建筑物本身作为静压载体把可支撑建筑物或构筑物的钢管桩压入地基土中,待钢管桩到达持力层后,建筑物即获得桩的反作用力抬升自己。

　　钢管混凝土的工作原理是利用了钢管和混凝土这两种材料在受力过程

中的相互作用——钢管对内部的混凝土有约束作用,使其处于复杂应力状态,从而提高了混凝土的强度,也改善了其塑性及韧性性能;同时,填充在钢管内部的混凝土也可以延缓甚至避免钢管的局部屈曲,从而使材料的性能得到了充分的发挥。总之,钢管与混凝土的组合,不但弥补两种材料各自的缺点,而且充分发挥它们各自的优点,实现了取长补短的理想效果。

将钢管混凝土运用于桩基有如下优点:承载力高;抗弯能力强;塑性和韧性好;经济效果比较好;规格多种多样。

基于以上背景,本书结合广西壮族自治区贺州市望高镇真武关岳庙的钢管混凝土桩反力顶升技术和钢管(混凝土)桩施工实践测得的数据,通过数值拟合、级数法、ANSYS 模拟等方法,对静压钢管桩的承载力方面进行了探讨和研究,并结合工程实际推导出拟合公式,为建筑加固方法提供参考。

混凝土作为一种建筑材料在工程建设中被广泛采用,迄今已有一个半世纪的历史。但是随着使用时间的增加,混凝土材料发生了劣化与损伤,钢筋锈蚀严重,混凝土结构加固和修复问题也就孕育而生。

预应力技术从 20 世纪 20 年代进入土木工程领域得以实际应用至今,已经走过了 90 多年的历程。在预应力技术发展的初期,普通的粘结预应力混凝土是主要的结构形式,全预应力混凝土的设计观念也是工程师们所普遍采用的。随着预应力技术与材料的发展,尤其在 20 世纪 70 年代后,随着无粘结预应力技术的成熟以及部分预应力概念为工程师们所接受之后,预应力混凝土结构的应用得到了一次飞跃性的发展。至 20 世纪末,预应力技术又在钢—混凝土组合结构、钢结构,尤其是空间钢结构中得到了广泛的应用,不仅拓宽了预应力技术应用的领域,还涌现出了日新月异的新结构体系。预应力结构发展更为完善的则是纤维增强塑料(FRP)力筋的应用,它将解决在腐蚀环境下预应力结构的耐久性问题。几十年来,科学研究者和工程师们精益求精的研究和更加大胆的设计使得预应力结构日新月异、五彩缤纷,预应力技术在土木工程领域已经扮演着极为重要的角色。

预应力混凝土结构按张拉预应力钢筋在浇铸混凝土以前还是以后分为先张法和后张法。由于先张法构件在预制构件厂生产,将尺寸很大的预制构件运输到工地现场,困难大,费用高,且先张法构件安装到结构中形成装配式结构,其抗震性能差,所以目前应用较广泛的预应力混凝土结构为后张法结构。但后张法结构施工中的问题是灌浆。例如,为了灌浆需预留孔道,这要消耗大量的钢管和波纹管等;如果波纹管安装不严格,浇筑混凝土不仔细,会导致预留孔道漏浆,堵塞管道;最关键的问题是灌水泥浆不仅费工时,耽误工期,如果灌浆不密实,还会引起钢筋锈蚀,构件断裂。针对这一问题,世界各国专家研究产生了一系列新型的预应力混凝土结构,如无粘结预应力混凝土结构、缓粘结预应力混凝土结构、横张预应力混凝土结构、体外预应力混凝土结构等。

体外预应力结构作为后张预应力体系的重要分支之一,近年来成为预应力技术发展的热点。体外预应力结构是指预应力筋布置于截面以外的预应力结构,其在国内发展时间尚短。迄今为止,国内外众多机构、高校已对纤维材料加固钢筋混凝土构件的性能与效果进行了大量的研究,但多集中在碳纤维片材料上,而对纤维棒材加固的研究则较少。在国外,预应力纤维筋或纤维束已凭借其良好的抗腐蚀性和高强性能取代钢筋,在桥梁工程和海洋工程中得到广泛使用。该方法在加固效果、施工工艺以及理论分析方面都具有明显的优势。

新型复合材料由于其轻质高强、耐腐蚀性好、耐久性好等优点而成为航空、航天和体育休闲用品领域的主要材料,近年来在民用建筑领域的开发和应用也受到了工程界的重视,在建筑加固领域开辟了一条高效、方便、经济的新途径。

近几十年来,国内外的碳纤维及其复合材料工业处于高速发展阶段。CFRP 及其复合材料的力学性能取得突破性进展,生产技术和生产效率明显提高,产品成本稳中有降。FRP 是近几年来得到广泛应用的纤维增强材料,以强度高、轻质、施工方便、抗腐蚀、耐疲劳等优点在钢筋混凝土结构加固中得到广泛应用。但是,由于 FRP 的弹性模量与钢材相差无几,这就要求纤维必须在相当大的变形下才能充分发挥其材料特性。另一方面,由于纤维加固属于二次受力,而且纤维仅在构件受拉钢筋屈服后才起较大的作用,因此,纤维的实际强度利用率很低,应考虑二次受力影响的碳纤维筋加固梁抗弯实验有哪些因素对加固结构的极限承载力有影响,哪些因素起主要作用。

为解决这些问题,国内外的许多研究人员已经将预应力技术应用到纤维加固中来,在预应力纤维研究领域做了大量的工作,研究结果表明,采用预应力张拉后的纤维加固方法在提高构件的抗弯承载能力、整体刚度、疲劳寿命、降低构件挠度等方面都有明显的作用。随着研究的深入,该领域也存在着一些亟待需解决的问题。

玄武岩纤维材料作为一种新的纤维材料,其生产及应用在国内还处于起步阶段。我国在 2002 年把玄武岩连续纤维的研究列为国家 863 科研项目,可以预计在将来这种材料会有很大的发展。迄今为止,国内外众多机构、高校已对纤维材料加固钢筋混凝土构件的性能与效果进行了大量的研究,但多集中在碳纤维材料上,而对采用玄武岩连续纤维加固的研究则较少。

　　基于以上背景,考虑到 BFRP 材料的特性和传统体外预应力加固施工的特点,本书提出了 BFRP 筋预应力加固混凝土结构的方法。通过试验与理论分析相结合,对 BFRP 筋预应力加固钢筋混凝土梁的抗弯性能进行了研究。同时本书也对预应力碳纤维筋加固钢筋混凝土梁的性能进行了研究,所得成果可供工程设计参考。

　　由于作者的水平有限,书中难免会有疏漏之处,敬请读者批评指正。

周玉玲

2020 年 1 月

目　录

第1章 建筑物纠偏与顶升的概述

近些年来,加固技术在新材料、新工艺、新思想的推动下不断向前发展,作为加固技术之一的纠偏与顶升技术在建筑物、构筑物加固领域中受到越来越多的重视,应用也越来越广泛。现实生活中的许多建筑物、构筑物,由于勘察工作不详细、结构设计不合理、施工方法不规范、使用过程不恰当、与周围环境不和谐等原因,要么发生不均匀沉降或者过大的沉降变形,致使建筑物、构筑物倾斜或整体下沉;要么阻碍道路或排泄水,显得低矮和不协调。这些都严重影响建筑物的正常使用功能及外部景观。因此,为了恢复建筑物、构筑物的外貌,使其发挥正常使用功能,人们对这类建筑采取了一系列的修复加固措施。

因为各种不同的建筑物、构筑物,其建筑功能、结构形式和地质条件存在一定的差异,所以,对建筑物、构筑物纠偏顶升的要求不尽相同。国外的建筑——著名的比萨斜塔,就是纠偏技术在这一古老闻名的建筑保护中的成功应用,如图 1-1(左)所示;国内的建筑——宋代昆明的金刚塔垂直顶升2.6 m,是顶升技术在国内古建筑保护中的成功应用,如图 1-1(右)所示。至于建筑物、构筑物纠偏顶升技术在多高层建筑中的应用,至今已屡见不鲜。随着结构加固和岩土工程技术的不断发展,纠偏和顶升已经逐渐成为加固领域中一项较为成熟的工程技术。

图 1-1　正在纠偏中的比萨斜塔(左)、整体顶升后的金刚塔(右)

1.1　建筑物纠偏与顶升方法

　　现实生活中,许多建筑物或者构筑物,由于勘察、设计、施工、使用等各方面的原因,在投入使用前或者使用过程中产生倾斜、沉降甚至倒塌,各种使用功能无法正常发挥。随着加固技术的不断发展,人们逐渐研究出了一系列的纠偏顶升方法,如地基应力解除法、人工降水纠偏法、水冲掏土纠偏法、结构顶升法等。人们将这些方法应用于实践后,取得了较为显著的效果。

1.1.1　常用纠偏法

1.地基应力解除法

　　地基应力解除法是观察建筑物的倾斜角度,在倾斜角度较小的一侧基础轮廓边缘设置口径较大的深钻孔,然后根据实际情况在钻孔内的适当部位掏取适量的软基土,可以在局部范围内缓解或移除地基应力,使建筑物在该侧的沉降量增大,最后达到平衡状态的一种方法。在沉降量相对较小的一侧掏土时,必须事先计算出掏土的数量,为了保证安全,施工过程必须采用动态施工法,同时进行动态监测。此法能够保证原本倾斜角度较大的一侧地基土(应力)不受扰动,使建筑物在自重的作用下逐渐到达正常的位置。采用此法纠偏时注意均衡地调整地基土固有的应力状态,平稳地纠正建筑物。地基应力解除法适用于软弱地基。

2.人工降水纠偏法

　　人工降水纠偏法是利用地下水位降低出现水力坡降时产生的附加应力差异对地基变形进行加固处理的一种方法。该方法适用于建筑物不均匀沉降量较小、地基土具有较好渗透性且降水对邻近建筑物不产生影响的情况。在采用人工降水法纠偏时,降水井点的选择、设计和施工方法均依照国家现行标准《地基与基础施工及验收规范》的相关规定执行操作。纠偏时,还应根据建筑物的实际变形量来确定抽水量的大小和水位下降的深度。

3.堆载纠偏法

　　堆载纠偏法是通过增加建筑物沉降较小一侧的地基附加应力,加剧该侧的地基土变形,以达到纠偏目的的一种方法。本方法可适用于基底附加应力较小的小型建筑物的纠偏,其工程规模一般比较小且基底土的地基承载力比较低。堆载纠偏法适用于淤泥、淤泥质土、填土等软弱地基的情形。

4. 浸水纠偏法

浸水纠偏法是先在土体内成孔或成槽,之后向孔或槽内浸水,地基土湿陷后,使建筑物下沉的一种纠偏方法。该方法适用于湿陷性地基上整体刚度相对较大的建筑物。采用浸水纠倾对建筑物进行加固时,应根据建筑物的结构类型、场地条件等因素,选用注水孔、坑或槽等方式进行注水。在实施浸水纠偏施工前,应该设置严密科学的监测系统及必要恰当的防护措施。

5. 钻孔取土纠偏法

钻孔取土纠偏法是采用钻机钻取基础下面或侧面的地基土,依靠钻孔所产生的临空面使地基土产生侧向挤压变形,反复钻孔取土使建筑物缓慢下沉的一种方法。该方法可适用于淤泥、淤泥质土等软粘土地基。当采用钻孔取土法纠偏时,钻孔位置的选择应根据建筑物不均匀沉降情况和土层性质合理布置,同时还应确定钻孔取土的先后次序,钻孔的直径和深度应根据建筑物的底面尺寸和附加应力影响范围合理选择,当取土深度大于 3 m 时,钻孔的直径不应小于 300 mm。

6. 水冲掏土纠偏法

水冲掏土纠偏法是利用压力水冲刷,使得建筑物地基土局部掏空,从而增加地基土的附加应力,加剧变形的一种纠偏方法。该纠偏法适用于砂性土地基、具有砂垫层的基础或者软土地基。水冲掏土纠偏法技术难度较大,一方面无法详细了解建筑物结构、基础、地质构造,另一方面影响建筑物纠偏过程的因素还有很多,若进行精确力学分析十分困难,故水冲掏土纠偏过程应采用根据现场监测数据不断调整的动态施工过程。

水冲掏土工作槽的间隔宜取 2.0～2.5 m,槽宽宜取 0.2～0.4 m,深度宜取 0.15～0.30 m,并且槽底宜形成坡度;水冲压力值宜控制在 1.0～3.0 MPa,流量宜取 40 L/min。具体实际取值,可根据土质条件通过现场试验进一步确定。

7. 人工掏土纠偏法

人工掏土纠偏法是对建筑局部进行取土或者采用挖井、孔等方式取土,迫使土中的附加应力局部增加,从而加剧土体的侧向变形的一种纠偏方法。

该种纠偏方法可适用于粉土、砂土、粘性土或填土等地基上建筑物的纠偏。进行人工掏土法纠偏设计施工时,人工掏土沟槽的间隔大小,应根据建筑物的基础型式合理的进行选择,一般情况下可取 1.0～1.5 m。沟槽的宽度可以根据不同的迫降量和土质的强度等具体情况加以确定,一般情况下可取 0.3～0.5 m,槽深可取 0.1～0.2 m。

以上所述都是利用建筑物的自重,通过应力释放迫降的方法,来达到建筑物纠偏的目的。

1.1.2 顶升纠偏法

1. 桩式托换柱基纠偏与顶升

陕西西北橡胶厂露天跨柱基,跨度为 25.5 m,柱距为 6.0 m,全长为 132 m,采用钢筋混凝土矩形柱基,其尺寸为 2.0 m×3.2 m(双柱基时采用 3.0 m×3.2 m),轨道顶部的标高为 12.3 m,柱子顶部的标高为 12.0 m,并且有一台 50 kN 的桥式抓斗吊车。然而,在进行设计时没有考虑到地面的堆载,实际上在橡胶厂的柱子之间不均匀堆放有 8.0 m～10.0 m 高的生产用煤。为了减燃,在生产时经常对煤炭进行喷水处理,这样的做法增加了地面荷载,同时,由于水向地下渗入,也大大增加了地基的不均匀沉降量。经过长时间的局部变形后,柱顶的最大偏移量为 7.2 cm,而不均匀沉降量高达 12.4 cm,最终导致吊车卡轨,不能正常运行,影响生产安全和工作效率。事故发生后,经过一系列的现场观察、地质勘察以及对沉降观测资料的仔细分析,工程中采用了桩式托换柱基对地基进行加固、纠偏与顶升。

2. 砌体结构顶升纠偏法

砌体结构顶升纠偏法是对砌体结构的托换梁进行顶升的一种施工技术,它可适用于各种地基土或者标高过低需抬升的砌体建筑。一般而言,顶升砌体结构时,可按照结构的线荷载分布情况进行顶升点的布置,其间距一般情况下不宜大于 1.5 m,且应适当避开门窗洞和薄弱承重构件的位置,以确保顶升工作的安全可靠;在顶升施工过程中,托换梁应该分段浇注,浇注前应在各分段位置处设置支承芯垫保证安全,各芯垫之间的距离可以选择 0.5 m。但是,梁分段的长度一般情况下应小于或者等于 1.5 m,且小于或者等于开间墙段的1/3。具体施工时,为了防止力过于集中产生危险,应间隔进行浇注,直到该梁段养护基本达到设计强度要求后才能够进行邻段托换梁的施工。此外,在进行施工时,托换梁的主筋应预留一定的长度,保证与后浇筑的托换梁主筋在搭接或焊接过程中具有足够的可靠性。

3. 框架结构顶升纠偏法

框架结构顶升纠偏法的基本原理和思路为在结构中的适当位置设置托换牛腿,对牛腿施加向上的顶推力,迫使建筑物整体抬升或者局部抬升。对于框架结构而言,因为其荷载的传递路径是经框架梁、框架柱、基础传至地基的,因此,在进行顶升力的作用点的选择时,宜将其选择在框架柱的下面。然而,为了保证整个建筑物的稳定性、可靠性和完整性,如果将框架柱切断,则原来由框架柱传递的路径必须由另外一个传力系统所取代,因此,在顶升之前预先增加一个由牛腿和连系梁共同组成的支承系统显得尤为重要。

在施工过程中,恰当、合理、科学的施工工序是顶升得以顺利进行的保障。对于框架结构建筑而言,应依次进行牛腿、连系梁和千斤顶支座的施工。因为建筑物顶升工程是一项技术难度大、风险性高的工程活动,为了保证建筑物各构件和部分的同步上升,施工中统一的指挥、千斤顶同步顶升显然是必要的。当然,随着科学技术的发展,基于自动化控制的液压顶升系统已经出现,它的应用将极大地促进顶升工程的推广。

1.2　顶升技术在国内外的发展

1.2.1　国内建筑物顶升的发展状况

众所周知,有着广阔地域面积的中国,很多地区的地质情况较为复杂,在一些地质条件相对较差的地区建造建筑物时,由于受到技术条件和其他多种因素的影响,加上对建筑物未加保护地长时间使用,往往会出现建筑物的沉降或者不均匀沉降,从而使得建筑物整体倾斜量过大,影响其正常使用。

早期,人们选择使用加固、托换的方法控制建筑物倾斜的继续发展。后来,在早期工艺技术基础之上发展出了迫降纠偏技术。再后来,随着科学技术的进一步发展,加固工程中出现了托换加固结合迫降的方法,这种方法一方面能够纠正建筑物已经出现的倾斜,另一方面能够控制建筑物沉降的继续发展。但是,当建筑物的不均匀沉降量超过人们可以接受的允许值或者造成渗水潮湿等影响正常使用的状况时,以前的各种加固技术已经较难解决这一问题。然而,建筑物整体顶升技术的出现和发展,有效地解决了这一难题,取得了较为满意的效果。

1. 顶升技术在建筑物上的应用状况

顶升技术的发展主要经历以下两个阶段:早期的顶升技术,主要源于对小型构筑物的顶升;后期的顶升技术,逐渐完善并发展到建筑物的纠偏和整体顶升中。20世纪80年代中期,福建省建科院曾经采用建筑物顶升技术成功地对一幢五层砌体结构居民住宅楼进行整体顶升,并且此次顶升的平均高度约150 mm。此后,顶升技术得到人们的重视,并且顶升技术的应用从砌体结构不断发展到框架结构、木石结构等建筑领域。

随着科学技术的不断推广和发展,顶升加固技术的应用领域也在不断地扩大。实践证明,这一技术的应用受到了人们的欢迎,取得了可喜的成就。

2. 顶升技术在其他工程建设中的应用状况

20世纪50年代,顶升技术便开始被应用于铁路桥梁的架设之中;到了20世纪60年代,随着经济技术的飞速发展,液压顶升技术已经开始被应用于屋面的整体同步顶升;而在我国,液压同步顶升技术是从20世纪80年代末开始得到迅猛发展的,并且先后被应用于上海石洞口第二电厂和外高桥电厂六座240 m钢内筒烟囱倒装施工、上海东方明珠广播电视塔钢天线桅杆整体提升、北京西客站主站房钢门楼整体提升、北京首都机场四机位机库网架屋面提升,以及2003年4月上海音乐厅的顶升平移等一系列重大建设工程中,且获得了巨大的成功,取得了较为显著的经济效益和社会效益。

同步顶升系统在其他行业中也有重要贡献和较大发展。比如在水电行业中,可以采用同步顶升系统完成水轮机转轮和叶轮的同步顶升,这种做法被认为是静平衡测试称重的好方法。

在公路建设方面,液压顶升技术已近不仅仅局限于对单片预制构件的架设和移位;2003年9月13日,由天津城建集团承建的我国第一座采用整体抬升技术改造的桥梁工程——狮子林桥主桥成功回梁就位,该桥被整体抬升1.27 m,它的成功顶升就位标志着我国桥梁建设史上具有里程碑意义的第一个桥梁顶升工程获得了圆满成功,在我国桥梁顶升史上具有重大的发展意义。狮子林桥的成功回梁就位与拆除重建相比节约了大量资金,减少了施工工期,最大限度地减轻了由于中断交通所承受的各方面压力,取得了良好的效果和受到人们的一致好评。

1.2.2　国外建筑物顶升的发展状况

1. 顶升技术在建筑物上的应用状况

在国外,顶升技术的发展更为迅速。日本率先开发应用了高压注浆顶升技术,其基本原理为首先将可凝土浆液注入地基中,然后利用液压产生的顶推力将建筑物连基础向上顶起,直到到达预定位置,再将液压系统进行封闭,待浆液凝固后就可以永久保持建筑物顶起的状态。此外,还有通过材料之间发生化学反应产生膨胀,将建筑物顶起的工程实例。其具体做法是在需顶升建筑物或者构筑物的地基中事先埋入化工材料,待需要顶升时再注入可以与化工材料发生化学反应的反应剂,借助反应后的膨胀力将建筑物顶起。1999 年 6 月,美国卡罗来纳州有一座高 61 m、重 44 000 kg 的灯塔,如图 1-2 所示,为了使其不再遭受海水的侵蚀,当局决定将其顶升后迁移至 487.7 m 以外的地方。

图 1-2　美国卡罗来纳州 Hatteras 角海岸灯塔

工程人员经勘察、设计后,决定施工中采用世界上最为先进的液压顶升系统顶升灯塔,采用 100 个千斤顶将其整体顶高 1.52 m;同时,在具体施工中,将底盘托换成扩大的钢梁,行走引导的下轨道也由 7 根钢梁铺设而成,水平牵引力由液压千斤顶提供,实际工程中灯塔每分钟行走约 0.76 m。

此外,为了保证该重大工程的顺利安全实施,防止迁移过程中可能遇到的风雪侵袭和地基破坏等突发状况,实际施工中还采取了许多措施对灯塔加以保护、对顶升迁移过程加以安全有效的控制。

2. 顶升技术在其他工程建设中的应用状况

2002 年,美国 BalofurBeytt 建筑公司和 NEERRAC(恩派克)公司利用液压控制同步顶升系统,在不中断交通的情况下对美国最高的大桥——金门大桥进行了抗震改造。在法国,2004 年 12 月 14 日,由法国总统希拉克亲自剪彩竣工的米劳大桥最高点达 343 m,宽 27.35 m,长 2 460 m,总重 29 万 t,其中仅钢结构桥面就重达 36 000 t,桥梁下是深深的山谷。美国实用动力 NEERpAc(恩派克)欧洲工程中心运用先进的液压及控制技术,成功解决了米劳大桥在深谷中架设临时桥墩、重型钢结构桥面架设等施工难题。

1.2.3　桩反力顶升技术

把静压桩引入整体顶升技术中,是顶升技术一项极具创新的重大改进。它解决了待顶升建筑物在顶升时顶升器具(如千斤顶)的生根落脚问题。当千斤顶顶升建筑物时,其落脚于静压桩上,获得静压桩的反作用力,由此顶升建筑物。而静压桩的压入,又借助了原建筑物的自重,这种资源自利用的顶升技术,比以往的顶升技术更具有可操作性,尤其是能较为准确地进行定量分析。以往的顶升技术其反作用力的获得都得依赖原建筑的基础(如加牛腿、开墙孔等),而桩反力顶升技术则是"自备"反力体系,脱离于原结构基础,能更有效地保护原建筑物,也更能发挥顶升技术的优点。

桩反力顶升(Pile Reaction,PR)技术,是利用加压装置或油压千斤顶的作用力,以建筑物本身作为静压载体把可支撑建筑物或构筑物的钢管桩压入地基土中,待钢管桩到达持力层后,使建筑物获得桩的反作用力以抬升自己的一种技术。

桩反力顶升技术被广泛用于对建筑物或构筑物进行抬升、加固地基基础、置换修复梁柱等加固工程中。同时,利用该技术还可以定量地测定所压入桩的承载力。在不使用重型装备的情况下,利用小型油压装置在非排土开挖、无振动、低噪音的状态下进行工程施工。此外,该技术也适用于狭小空间的建筑物或构筑物内部、河川、山谷等复杂地形条件,是对周围环境不产生有害影响的环保型新技术。

1.3 本课题的研究内容

(1)对国内外建筑物纠偏顶升技术进行综述、分析和评价,阐述桩反力顶升技术的工作原理、技术特点和应用价值。

(2)以"真武关岳庙"顶升工程为实例,确立了顶升思路;明确了顶升技术要点;比较了两种顶升技术方案;进行了针对性、创新性的顶升技术设计。

(3)以"真武关岳庙"桩反力顶升工程为依托,对顶升技术的工作原理、工程设计、工程施工、技术特点等有了切身体验和体会,并提出了自己的改进意见,尤其是在工艺手段,如"千斤顶倒程"中,创新地改进了韩国工程师的设计,更有效地实现了千斤顶的倒程。

(4)实施了整体顶升工程中的过程监测(位移与应力),得出了分析结论。

(5)通过数值拟合、级数法、ANSYS 模拟等方法,对静压钢管桩的承载力方面进行了探讨和研究,并结合工程实际推导出拟合公式,为建筑加固方法提供参考。

第 2 章　建筑物顶升的一般原理与方法

2.1　顶升的基本思路

建筑物发生倾斜的原因有很多,如结构选型、施工不当、外力作用等等,然而大多数的倾斜是由于地基不均匀沉降造成的。对于这类建筑物,若采用传统的纠偏法如掏土纠偏法、钻孔纠偏法等进行加固,即使倾斜得到了纠正,也有可能引发底层地面过低、潮湿等一系列使用问题。因而,较为理想的解决方法为建筑物顶升法。

对于沉降已经接近稳定(沉降速率小于 0.01 mm/d)的建筑物,采用顶升法是比较理想的,因为可以利用原来具有一定承载力的地基和基础作为反力支撑,将建筑物的上部结构构件顶升至设计位置,而不扰动接近稳定的地基。但是,对于沉降速率相对比较大的建筑物,在实施顶升前,应对原建筑的基础进行适当的加固,待地基基础满足一定的承载力后,方可实施顶升。

对于基础承载力较好的砌体结构建筑物来说,传统的顶升基本思路如下。

(1)托换梁的浇注:将原砌体结构的底层墙体间隔性挖空进行托换梁的分段浇注工作。

(2)安放顶升器具——千斤顶:在托换梁下设置多台千斤顶,千斤顶的数量和间距可以由托换梁承受的线荷载计算确定。

(3)顶升:使建筑物上升到设计高度。

(4)连接:待建筑物安全上升到设计高度后,便进行墙体下空隙的连接。移除千斤顶进行连接工作时,应逐次间隔进行,防止因同时全部移除产生应力集中,造成安全隐患。

2.2　顶升技术要点

建筑物顶升工程是一项投资大、风险大、技术强的工作,因此,在实施顶升前和实施过程中,应抓住以下技术要点。

1)全面考察了解建筑物的各种情况,如建筑物结构形式、地质条件、周围建筑、结构中的薄弱构件等。

2)对于具体的顶升工程,应进行多方案的设计,并对各种方案进行可行性分析和经济性分析,从中选择最佳的设计方案,指导施工的顺利进行。

3)进行顶升施工设计,设计内容如下。

(1)托换梁位置的选择,反力系统的确定。

(2)托换梁的设计以及施工工序。

(3)千斤顶的数量、布置位置。

(4)对于顶升纠偏应计算各顶升点顶升的具体高度和每次顶升时各顶升点上升的距离,即以位移量作为控制指标;对于整体顶升应确定每次顶升量的大小,确保千斤顶能够同步上升。

4)在顶升过程中,应注意以下施工的组织和实施。

(1)在进行托换梁的施工时,应注意承重墙的安全,应间隔进行承重墙挖空工作,并及时进行支垫。

(2)为了保证托换梁的整体性,应重视梁段之间的连接,保证施工质量。

(3)在正式进行顶升之前,应进行一次试顶升,全面检查各项工作是否准备完备。

(4)如果工程中的千斤顶形成不够时,应合理地安排千斤顶的倒程,倒程要交错替换进行,以免发生应力集中,对建筑造成损坏和危险。

(5)当建筑物达到设计顶升高度时,应进行受力构件的连接工作,待连接体可以正常受力和传力时,方可卸载千斤顶。

(6)当顶升的所有工作完成后,应再次对建筑物进行全面观测和检查,确保建筑物的完好、可以正常使用。

2.3　顶升中应注意的环节

建筑物的顶升工作中,任何一个环节出现问题,都有可能导致工程的失败,因此,在正式顶升前应做足准备,顶升过程中仔细观察,同时对容易出问题的环节多加关注。

(1)工程中所使用的千斤顶,在顶升过程中,作为传力的主要部分,其上下设置钢垫片或其他构件,以防止构件的局部破坏,避免对顶升工作产生安全隐患。

(2)千斤顶作为顶升工程中至关重要的顶升工具,同时还作为承受建筑物整体重量的传力设备,其安全可靠是顶升工程顺利进行的关键因素之一。

因此,在顶升前应对千斤顶的质量进行抽验,而且抽验的数量不应小于千斤顶总数的 20%,待抽验的千斤顶合格后,方可进行顶升工作。

(3)建筑物的顶升是动态的过程,因此,对顶升过程进行过程监测具有重要的意义。为了保证施工的安全和顺利进行,顶升时应进行建筑物各方位的倾斜观测,在条件允许的情况下,应对建筑物中的重要构件进行应变观测和顶升过程中的动态监测。

(4)顶升完成后,千斤顶的倒程应按照设计的次序间隔进行,防止因为同时倒程造成应力集中,对建筑物产生损坏。

(5)顶升完成后,立即进行建筑物与基础间的连接,要保证建筑物与基础连接的可靠性和安全性。同时,应对建筑物内部主要受力构件进行观测和检查,确保顶升后的建筑物不存在安全隐患。

(6)顶升及基础连接完成后,还应对建筑物进行一定时期的沉降观测,防止建筑物的继续沉降,一旦发现沉降,应立即采取加固措施。

建筑物的纠偏、顶升技术引起了很多学者的关注和研究,然而,因为现实工程的复杂性以及技术的不成熟性,特别是砌体结构、无整体基础结构的纠偏顶升,在保证顶升过程中建筑物的整体性上,涉及材料、岩土、工程技术等诸多领域,因此,对于建筑物顶升的研究,具有重大的学术意义和实际价值。

第3章 "真武关岳庙"整体顶升方案设计

3.1 工程概况

位于广西壮族自治区贺州市望高镇的"真武关岳庙",是望高镇的民众为方便朝拜天神而共同集资修建的,如图3-1所示。原真武庙的修建年代,由于时间久远,具体时间无法考究。1991年,当地群众自发捐资在原址上重修了真武关岳庙。

图3-1 顶升前真武关岳庙外貌照片

真武关岳庙是前低后高的二排式连体建筑,中部设天井相连,内部通空以梁柱承重。图3-2(a)中点划线即为墙、柱顶部钢筋混凝土梁系。庙体面宽10.8 m,进深15.6 m;前排檐高5.2 m,后排檐高7.2 m。外围墙体厚0.24 m,采用粘土青砖、M5混合砂浆砌筑;中前部6根直径0.36 m的圆截面砖柱用材与墙体相同;墙与柱下基础均为M5混合砂浆叠砌MU100的毛石而成,如图3-2(b)所示。

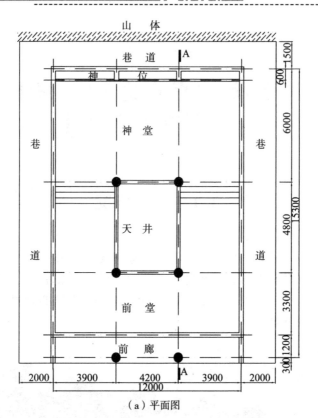

（a）平面图

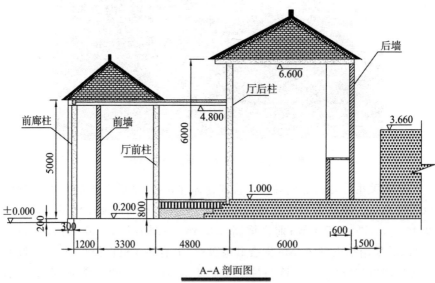

A-A剖面图

（b）A-A剖面图

图 3-2　真武关岳庙平、剖面图

由地质勘测得出,真武关岳庙所在地原为池塘,地基承载能力较差。

由地质勘探、钻孔取芯分析知,地质特征从上往下分别如下。

(1)人工填土,黄色,主要成分为砂性土,上部现为耕作层,植物根茎发育,为当年人工回填而成,显松散状。

(2)淤泥质粉质粘土,褐色、褐黄色,湿,含水饱和,富含有机质,钻进时无须加压,钻具自行下落,显软塑流塑状。

(3)碎石土,黄色、褐黄色,由残积而成,主要成分为粪土,并有碎石分布,其碎石的主要成分为砂岩石,透水性强,显松散稍密状。

(4)石灰岩,灰色、深灰色,后层状构造,细晶结构,岩芯显长柱或短柱状,致密坚硬,属硬质层。

以上每处地址各层厚度各有差异。

随着经济建设的飞速发展和城镇规划中道路的扩宽抬高,真武关岳庙周围建筑基面随之抬高,导致真武关岳庙有如陷入"盆底"之状,其屋内标高低于外部道路和建筑标高,有可能引发积水、潮湿诸多问题。但若拆除重建,投资太大,较难恢复原貌。因此,本着保护文物、尊重民俗习惯的原则,本工程采用了建筑物整体顶升技术将真武关岳庙整体抬升。

武汉长江加固技术有限公司与韩国高丽 E&C 株式会社联合,决定采用多油路液压桩反力顶升技术,对"真武关岳庙"实施整体顶升,顶升高度 1.3 m。

3.2 顶升方案设计应考虑的因素

建筑物整体顶升是一项技术要求较高、风险性较大的技术,特别像真武关岳庙这样既无整体基础又无地基梁的砖砌体结构,要整体顶升 1.3 m,其难度更大。因此,全面、周到的准备工作是保证成功顶升的关键,在进行顶升方案的设计选择时,应考虑以下几点因素。

(1)建筑物建成后,由于沉降、外力等各种因素的影响,在其内部存在一定的内应力;在进行顶升时,所设计的顶升系统必须能够承受内应力释放所产生的影响,保证托换顶升的顺利进行。

(2)对于整体顶升而言,建筑物各部位同步上升是顶升的关键,因此,应尽量保证各千斤顶的同步顶升位移量,防止顶升过程中结构构件因为顶升位移的差异而产生弯剪错动损坏。

(3)整体顶升是建筑物重心升高的过程,因此,保证顶升过程中建筑物(或者支撑系统)的稳定也是方案设计的关键因素。

(4)作为顶升重要器具的千斤顶,因为建筑各部位的重量有所差别,所以应根据不同的工程实际合理选择千斤顶的型号,保证顶升的安全。

(5)地基基础的反力也是顶升方案设计选择时应考虑的因素之一。

3.3 顶升方案的选择

选择适宜的顶升方案是寺庙安全顶升到位的关键因素之一,因此,对寺庙顶升方案进行细致的分析研究显得尤为重要。经研究之后,工程人员对寺庙的顶升提出了分体顶升与整体顶升两种方案。

3.3.1 分体顶升方案

(1)由于寺庙的屋面为前后两块组成,从寺庙的前后屋面交界处,竖向将该截面处的钢筋混凝土梁、砖墙及毛石基础全部凿开,将原来整体寺庙分割为前后两部分,如图 3-3 所示。

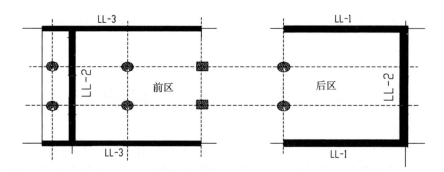

图 3-3 真武关岳庙顶升分区示意图

(2)采用托换法将所有墙体在离地面以上 420 mm 及 1 m 以上的 420 mm 砖砌体置换为钢筋混凝土梁。

(3)在上下两钢筋混凝土梁的砖墙间水平距每隔 1.5～2.0 m 开凿一个宽 500 mm 的矩形孔,孔内安放顶升器具千斤顶,如图 3-4 所示。

(4)采取一人一顶,统一号令,逐渐顶升到位,即联动统一的方式。

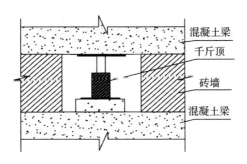

图 3-4　顶升孔位设计图

3.3.2　整体顶升方案

(1)沿所有墙体内侧按水平距 2 m 左右布点开挖基坑,基坑挖于基础以下并垂直穿过原基础。

(2)按设计布设钢筋及预埋垂直反力顶升钢管。

(3)按照设计位置进行基梁基坑开挖,并浇注钢筋混凝土。这样,在建筑物底部水平面内便形成了一个整体混凝土梁网系,增加建筑物底部的整体刚度,为整体顶升提供准备。

(4)在全部预设顶升位上逐一安装好顶升器、液压管网、整体顶升控制系统及工程监测仪器等所有设备,如图 3-5 所示。

(5)通过控制系统将所有反力钢管下压到设计控制值后,便可实施顶升。

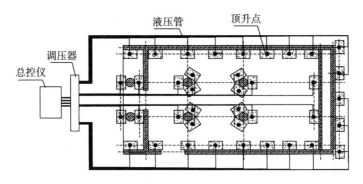

图 3-5　整体顶升控制设计示意图

3.3.3　分体顶升与整体顶升方案比较与抉择

分体顶升与整体顶升方案比较的结果如表 3-1 所示。

表 3-1　方案比较的结果

	分体顶升	整体顶升
优点	分体进行顶升,可减少机材用量,减少顶升风险	保留建筑物的整体性和原貌,施工空间小,产生建筑垃圾少,无噪音、无污染,施工速度相对较快,适用性较强,发展空间大
缺点	对建筑物人为损坏,顶升后需对分割处进行加固处理,使用范围有限,较为保守	机器、材料用量相对较大,技术含量高,难度较大
选择		选用

经过方案比较,工程人员选定采用整体液压顶升法,其工序如下:

(1)沿墙体轴线合理设置顶升托梁,沿内柱周边呈等角三角形设置顶升托梁,外柱对称设置顶升托梁。

(2)墙、柱托梁预留压桩孔,预埋反力架。

(3)沿钢管桩轴线布设基梁,并进行托梁、基梁的浇注工作。

(4)待混凝土基本达到设计强度后,利用反力架和液压装置将钢管桩逐一压入地下,直到钢管桩能够达到设计的承载力。

(5)所有钢管桩承载力的合力必须大于顶升建筑物的总重量,同时,每根桩都应能够承受它所属区域的荷载。

(6)再次利用反力架,以钢管桩为支承反力架,同时启动全部设计的千斤顶,即可实施顶升。

(7)通过千斤顶内液体压力值的控制,在顶升过程中可确保建筑物的整体同步升降,故可极大地提高寺庙在整体顶升过程中的安全可靠性。

3.4　桩反力顶升技术基本原理

桩反力顶升技术,是利用加压装置或油压千斤顶的作用力,以建筑物本身作为静压载体把可支撑建筑物或构筑物的钢管桩压入地基土中,待钢管桩到达持力层后,使建筑物获得桩的反作用力以抬升自己的一种技术。

真武关岳庙整体顶升工程中采用的是钢管混凝土桩反力顶升技术,该顶升技术的基本原理如图 3-6 所示。

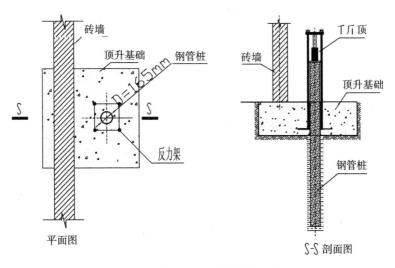

图 3-6 桩反力顶升技术原理图

工序依次如下。

(1)预埋反力架、受拉钢筋,安装反力架顶部法兰盘,浇注混凝土,千斤顶就位。

(2)千斤顶运动,钢管桩在压力作用下压入土中。

(3)千斤顶倒程,并在其上部安放传力钢管。

(4)千斤顶再次运动,钢管桩继续向下直到其可以满足设计承载力。

(5)千斤顶再次倒程,并继续安放传力钢管。

(6)千斤顶运动,混凝土托梁在钢管桩的反作用力下向上运动,带动整个建筑物向上提升。

3.5 真武关岳庙顶升设计

3.5.1 单桩竖向承载力计算

据《建筑桩基技术规范》JGJ 94—2008 第 5.3.7 条之规定,确定钢管桩单桩竖向极限承载力标准值可按下式计算:

$$Q_{uk} = Q_{sk} + Q_{pk} = u \sum q_{sik} l_i + \lambda_p q_{pk} A_p \qquad (3.5.1)$$

$$当 h_b/d < 5 时, \lambda_p = 0.16 h_b/d \qquad (3.5.2)$$

$$当 h_b/d \geqslant 5 时, \lambda_p = 0.8 \qquad (3.5.3)$$

式中：Q_{sk}、Q_{pk} 为总极限侧阻力标准值和总极限端阻力标准值；λ_p 为桩端土塞效应系数，对于闭口钢管桩 $\lambda_p = 1$，对于敞口钢管桩按式(3.5.2)、(3.5.3)取值；h_b 为桩端进入持力层深度；d 为钢管桩外径；A_p 为桩端面积；q_{sik} 为桩侧第 i 层土的极限侧阻力标准值，如无当地经验时，可按表 3-2 取值；q_{pk} 为极限端阻力标准值，如无当地经验时，可按表 3-3 取值。

表 3-2　桩的极限侧阻力标准值 q_{sik}（kPa）

土的名称	土的状态		混凝土预制桩	泥浆护壁钻（冲）孔桩	干作业钻孔桩
填土			22～30	20～28	20～28
淤泥			14～20	12～18	12～18
淤泥质土			22～30	20～28	20～28
黏性土	流塑	$I_L > 1$	24～40	21～38	21～38
	软塑	$0.75 < I_L \leqslant 1$	40～55	38～53	38～53
	可塑	$0.50 < I_L \leqslant 0.75$	55～70	53～68	53～66
红黏土	$0.7 < a_w \leqslant 1$		13～32	12～30	12～30
	$0.5 < a_w \leqslant 0.7$		32～74	30～70	30～70
粉土	稍密	$e > 0.9$	26～46	24～42	24～42
	中密	$0.75 \leqslant e \leqslant 0.9$	46～66	42～62	42～62
	密实	$e < 0.75$	66～88	62～82	62～82
粉细砂	稍密	$10 < N \leqslant 15$	24～48	22～46	22～46
	中密	$15 < N \leqslant 30$	48～66	46～64	46～64
	密实	$N > 30$	66～88	64～86	64～86
中砂	中密	$15 < N \leqslant 30$	54～74	53～72	53～72
	密实	$N > 30$	74～95	72～94	72～94
粗砂	中密	$15 < N \leqslant 30$	74～95	74～95	76～98
	密实	$N > 30$	95～116	95～116	98～120
砾砂	稍密	$5 < N_{63.5} \leqslant 15$	70～110	50～90	60～100
	中密（密实）	$N_{63.5} > 15$	116～138	116～130	112～130

土的名称	土的状态		混凝土 预制桩	泥浆护壁钻 （冲）孔桩	干作业 钻孔桩
圆砾、角砾	中密、密实	$N_{63.5}>10$	$160\sim200$	$135\sim150$	$135\sim150$
碎石、卵石	中密、密实	$N_{63.5}>10$	$200\sim300$	$140\sim170$	$150\sim170$
全风化软质岩		$30<N\leqslant50$	$100\sim120$	$80\sim100$	$80\sim100$
全风化硬质岩		$30<N\leqslant50$	$140\sim160$	$120\sim140$	$120\sim150$
强风化软质岩		$N_{63.5}>10$	$160\sim240$	$140\sim200$	$140\sim220$
强风化硬质岩		$N_{63.5}>10$	$220\sim300$	$160\sim240$	$160\sim260$

表 3-3 桩的极限端阻力标准值 q_{pk}（kPa）（部分）

土名称	土的状态（桩型）		混凝土预制桩桩长 l（m）			
			$l\leqslant9$	$9<l\leqslant16$	$16<l\leqslant30$	$l>30$
黏性土	软塑	$0.75<I_L\leqslant1$	$210\sim850$	$650\sim1400$	$1200\sim1800$	$1300\sim1900$
	可塑	$0.50<I_L\leqslant0.75$	$850\sim1700$	$1400\sim2200$	$1900\sim2800$	$2300\sim3600$
	硬可塑	$0.25<I_L\leqslant0.50$	$1500\sim2300$	$2300\sim3300$	$2700\sim3600$	$3600\sim4400$
	硬塑	$0<I_L\leqslant0.25$	$2500\sim3800$	$3800\sim5500$	$5500\sim6000$	$6000\sim6800$
粉土	中密	$0.75\leqslant e\leqslant0.9$	$950\sim1700$	$1400\sim2100$	$1900\sim2700$	$2500\sim3400$
	密实	$e<0.75$	$1500\sim2600$	$2100\sim3000$	$2700\sim3600$	$3600\sim4400$
粉砂	稍密	$10<N\leqslant15$	$1000\sim1600$	$1500\sim2300$	$1900\sim2700$	$2100\sim3000$
	中密、密实	$N>15$	$1400\sim2200$	$2100\sim3000$	$3000\sim4500$	$3800\sim5500$
细砂	中密、密实	$N>15$	$2500\sim4000$	$3600\sim5000$	$4400\sim6000$	$5300\sim7000$
中砂			$4000\sim6000$	$5500\sim7000$	$6500\sim8000$	$7500\sim9000$
粗砂			$5700\sim7500$	$7500\sim8500$	$8500\sim10\,000$	$9500\sim11\,000$
砾砂	中密、密实	$N>15$	$6000\sim9500$		$9000\sim10\,500$	
角砾、圆砾		$N_{63.5}>10$	$7000\sim10\,000$		$9500\sim11\,500$	
碎石、卵石		$N_{63.5}>10$	$8000\sim11\,000$		$10\,500\sim13\,000$	

续表

土名称	桩型 土的状态	混凝土预制桩桩长 $l(m)$			
		$l\leqslant 9$	$9<l\leqslant 16$	$16<l\leqslant 30$	$l>30$
全风化 软质岩	$30<N\leqslant 50$	4000～6000			
全风化 硬质岩	$30<N\leqslant 50$	5000～8000			
强风化 软质岩	$N_{63.5}>10$	6000～9000			
强风化 硬质岩	$N_{63.5}>10$	7000～11 000			

式(3.5.1)即为将钢管桩外壁穿过各类不同土层时所产生的摩阻力总和再加上端阻力,这就是钢管桩单桩竖向极限承载力标准值。在顶升过程中,详细记录钢管桩穿过各层土层时的单位长度压力值,即可作出单桩承载力与深度的相关曲线并同地质剖面图加以对照,以利于对地质情况的掌握,如图 3-7 所示。

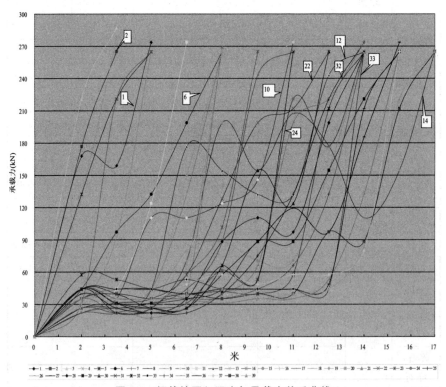

图 3-7　钢管桩压入深度与承载力关系曲线

钢管的选取,根据千斤顶底面积的大小和材料的方便取用,选择 $D=165$ mm 的钢管桩。

实际工程中使用的是 $D=165$ mm 的钢管桩内灌注混凝土,形成钢管混凝土桩。

因为钢管混凝土桩的承载力和稳定性都优于同等条件下的钢管桩,因此,设计时对于钢管混凝土桩承载力的计算简化为钢管桩的承载力计算,这样是偏安全的。

工程中使用的钢管桩承载力的确定,有如下两种方法。

1. 钢管桩承载力——规范设计法

据《建筑桩基技术规范》JGJ 94—2008 第 5.3.7 条之规定(表 3-4)。

表 3-4 土层参数表

土层名称	土层厚度 l_i(m)	桩侧极限摩阻力 q_{sik}(kPa)	桩端阻力值 q_{pk}(kPa)
杂填土	1.5	26	
淤泥土	1.0	24	
砾砂	1.5	90	8000
石灰岩	—	—	

(1)总极限端阻力标准值 Q_{pk} 的计算。

$$Q_{pk} = \lambda_p q_{pk} A_p = 0.8 \times 8000 \times \frac{1}{4}\pi(165 \times 10^{-3})^2 = 137 \text{ kN}$$

(2)总极限侧阻力标准值 Q_{sk} 的计算。

$$Q_{sk} = u\sum q_{sik}l_i = \pi \times 165 \times 10^{-3} \times$$
$$(1.5 \times 22 + 1.0 \times 24 + 1.5 \times 90) = 103 \text{ kN}$$

(3)钢管桩单桩竖向承载力标准值。

$$Q_{uk} = Q_{sk} + Q_{pk} = u\sum q_{sik}l_i + \lambda_p q_{pk} A_p = 137 + 103 = 240 \text{ kN}$$

2. 钢管桩承载力——试验校核法

工程中,对每根桩都采用油压千斤顶将其压至持力层,并确保每根桩的承载力大于或者等于 260 kN,由于各地的地质条件不同,桩达到 260 kN 所压入的深度不同。

3.5.2 钢管桩数量和点位的确定

对于真武关岳庙来说,力的传递路径自上而下为:屋面→梁→柱、墙体→基础→地基。因此,应在建筑物的墙边和柱边设置千斤顶。建筑物每处所需千斤顶数量由计算确定。

1. 柱下钢管桩数量确定

以图 3-8 中 A 柱为例,进行设计。

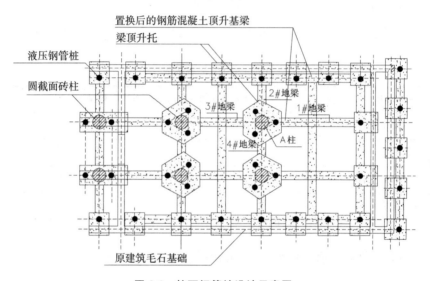

图 3-8 柱下钢管桩设计示意图

(1)工程参数。

① 墙体厚度 240 mm;

② 圆柱尺寸 $D=360$ mm,$h=5.6$ m;

③ 方柱尺寸 $a×b×h=300$ mm×500 mm×3.8 m;

④ 墙体与柱采用 $MU10$ 粘土红砖;

⑤ 屋面活荷载:不上人屋面 0.5 kN/m²;

⑥ 常用材料的自重:普通砖 18 kN/m³,钢筋混凝土 25 kN/m³;

⑦ 屋脊板厚 180 mm。

(2)荷载计算。

荷载的计算包括以下几部分:上部构件传递荷载+A 柱自重+托梁自重+基梁自重,即

$$F_A = F_{sb} + F_z + F_{tl} + F_{dl}$$

式中：F_A 为 A 柱下总荷载；F_{sb} 为 A 柱上部构件传递荷载；F_z 为 A 柱自重；F_{tl} 为 A 柱下托梁自重；F_{dl} 为 A 柱下基梁传递荷载。

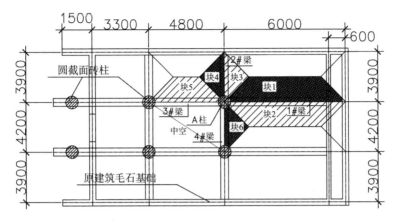

图 3-9　荷载计算屋顶双向板分区示意图

① 上部构件传递荷载。

（注：后厅屋顶为坡屋顶，因此荷载取值乘以 1.5 放大系数）

Ⅰ. 1♯梁传递荷载。

$$F_l^1 = 1.2 \times (F_k^1 + F_k^2 + F_G^1) + 1.4 \times F_h^{1,2}$$

式中：F_l^1 为 1♯梁传递线荷载；F_k^1 为屋顶块 1 传递线荷载；F_k^2 为屋顶块 2 传递线荷载；F_G^1 为 1♯梁自重线荷载；$F_h^{1,2}$ 为屋顶块 1、2 传递活荷载。

具体计算如下：

$$F_k^1 = 1.5 \times 25 \times 0.18 \times \frac{1}{2} \times (6.0 + 2.1) \times \frac{3.9}{2} / 6.0 = 8.89 \text{ kN/m}$$

$$F_k^2 = 1.5 \times 25 \times 0.18 \times \frac{1}{2} \times (6.0 + 1.8) \times \frac{4.2}{2} / 6.0 = 9.22 \text{ kN/m}$$

$$F_G^1 = 25 \times \frac{1}{2} \times 6.0 \times 1.8 \times 0.2 / 6.0 = 4.50 \text{ kN/m}$$

（注：此处三角形梁的尺寸为底 6.0 m，高 1.8 m）

$$F_h^{1,2} = 0.5 \times \frac{1}{2} \times (6.0 + 2.1) \times \frac{3.9}{2} + 0.5 \times \frac{1}{2} \times (6.0 + 1.8) \times \frac{4.2}{2}$$

$$= 1.34 \text{ kN/m}$$

$$\therefore \quad F_l^1 = 1.2 \times (F_k^1 + F_k^2 + F_G^1)$$

$$= 1.2 \times (8.89 + 9.22 + 4.5) + 1.4 \times 1.34 = 29.0 \text{ kN/m}$$

因此，1♯梁传递到 A 柱的荷载为 $F_l^1 \times l^1 / 2 = 29.0 \times 6.0 / 2 = 87.0 \text{ kN}$。

Ⅱ.2#梁传递荷载。

$$F_l^2 = 1.2 \times (F_k^3 + F_k^4 + F_G^2) + 1.4 \times F_h^{3,4}$$

式中:F_l^2 为 2#梁传递线荷载;F_k^3 为屋顶块 3 传递线荷载;F_k^4 为屋顶块 4 传递线荷载;F_G^2 为 2#梁自重线荷载;$F_h^{3,4}$ 为屋顶块 3、4 传递活荷载。

具体计算如下:

$$F_k^3 = 1.5 \times 25 \times 0.18 \times \frac{1}{2} \times 3.9 \times \frac{3.9}{2} / 3.9 = 6.58 \text{ kN/m}$$

$$F_k^4 = 25 \times 0.18 \times \frac{1}{2} \times 3.9 \times \frac{3.9}{2} / 3.9 = 4.39 \text{ kN/m}$$

$$F_G^2 = 25 \times 0.2 \times 0.3 = 1.5 \text{ kN/m}$$

$$F_h^{3,4} = 0.5 \times \frac{1}{2} \times 3.9 \times \frac{3.9}{2} / 3.9 + 0.5 \times \frac{1}{2} \times 3.9 \times \frac{3.9}{2} / 3.9 = 0.98 \text{ kN/m}$$

$$\therefore \quad F_l^2 = 1.2 \times (F_k^3 + F_k^4 + F_G^2) + 1.4 \times F_h^{3,4}$$
$$= 1.2 \times (6.58 + 4.39 + 1.5) + 1.4 \times 0.98 = 16.34 \text{ kN/m}$$

因此,2#梁传递到 A 柱的荷载为 $F_l^2 \times l^2 / 2 = 16.34 \times 3.9 / 2 = 31.86 \text{ kN}$。

Ⅲ.3#梁传递荷载

$$F_l^3 = 1.2 \times (F_k^5 + F_G^3) + 1.4 \times F_h^5$$

式中:F_l^3 为 3#梁传递线荷载;F_k^5 为屋顶块 5 传递线荷载;F_G^3 为 3#梁自重线荷载;F_h^5 为屋顶块 5 传递活荷载。

具体计算如下:

$$F_k^5 = 25 \times 0.18 \times \frac{1}{2} \times (0.9 + 4.8) \times \frac{3.9}{2} / 4.8 = 5.21 \text{ kN/m}$$

$$F_G^3 = 25 \times 0.2 \times 0.3 = 1.5 \text{ kN/m}$$

$$F_h^5 = 0.5 \times \frac{1}{2} \times (0.9 + 4.8) \times \frac{3.9}{2} / 4.8 = 0.58 \text{ kN/m}$$

$$\therefore \quad F_l^3 = 1.2 \times (F_k^5 + F_G^3) + 1.4 \times F_h^5$$
$$= 1.2 \times (5.21 + 1.5) + 1.4 \times 0.58 = 8.86 \text{ kN/m}$$

因此,3#梁传递到 A 柱的荷载为 $F_l^3 \times l^3 / 2 = 8.86 \times 4.8 / 2 = 21.27 \text{ kN}$。

Ⅳ.4#梁传递荷载

$$F_l^4 = 1.2 \times (F_k^6 + F_G^4) + 1.4 \times F_h^6$$

式中:F_l^4 为 4#梁传递线荷载;F_k^6 为屋顶块 6 传递线荷载;F_G^4 为 4#梁自重线荷载;F_h^6 为屋顶块 6 传递活荷载。

具体计算如下:

$$F_k^6 = 1.5 \times 25 \times 0.18 \times \frac{1}{2} \times 4.2 \times \frac{4.2}{2} / 4.2 = 7.09 \text{ kN/m}$$

$$F_G^4 = 25 \times 0.2 \times 0.3 = 1.5 \text{ kN/m}$$

$$F_h^6 = 0.5 \times \frac{1}{2} \times 4.2 \times \frac{4.2}{2} / 4.2 = 0.53 \text{ kN/m}$$

$$\therefore F_l^4 = 1.2 \times (F_k^6 + F_G^6) + 1.4 \times F_h^6$$

$$= 1.2 \times (7.09 + 1.5) + 1.4 \times 0.53 = 11.05 \text{ kN/m}$$

因此,4#梁传递到A柱的荷载为 $F_l^4 \times l^4 / 2 = 11.05 \times 4.2 / 2 = 24.15 \text{ kN}$。

综上,A柱上部构件传递荷载为 $F_b = 87.0 + 31.86 + 21.27 + 24.15 = 164.28 \text{ kN}$。

② A柱自重:

$$F_z = F_y + F_f$$

式中: F_z 为A柱自重; F_y 为A柱中圆柱自重; F_f 为A柱中方柱自重。

具体计算如下:

$$F_y = 18 \times \frac{\pi}{4} \times 0.36^2 \times (6.6 - 1.0) = 10.25 \text{ kN}$$

$$F_f = 18 \times 0.3 \times 0.5 \times (4.8 - 1.0) = 10.26 \text{ kN}$$

$$\therefore F_z = F_y + F_f = 10.25 + 10.26 = 20.51 \text{ kN}$$

③ A柱下托梁自重。

托梁的设计尺寸初步为 $a \times b \times h = 1 \times 1 \times 0.8 \text{ m}^3$;钢筋混凝土自重为 25 kN/m³。

$$\therefore F_{tl} = 25 \times 1 \times 1 \times 0.8 \times 3 = 60 \text{ kN}$$

(注:假设A柱下设置3根钢管桩)

④ A柱下基梁自重。

A柱下基梁的尺寸为 $a \times h = 250 \text{ mm} \times 350 \text{ mm}$;钢筋混凝土自重为 25 kN/m³。

$$\therefore F_{dl} = 25 \times (0.25 \times 0.35) \times (6.0 + 3.9 + 4.8 + 4.2) / 2 = 20.67 \text{ kN}$$

综上,A柱下总荷载:

$$F_A = F_b + F_z + F_{tl} + F_{dl} = 164.28 + 20.51 + 60 + 20.67 = 265.46 \text{ kN}$$

(3)柱下钢管桩数量和位置设计。

钢管桩作为建筑物顶升工程中的重要承重构件,设计中应考虑多方面因素,确保工程的安全可靠。

以A柱下所需钢管桩数量为例,设计中需考虑的因素有:①顶升中顶推力的对称性;②建筑物与地基之间的粘结力;③顶升工程中的受力设备具有较好的安全储备;④未考虑到的影响顶升的其他因素。

设计中,保证安全性的设计思路:①将A柱下总荷载值乘以1.1的放大系数,即 $1.1 F_A = 1.1 \times 265.46 = 292.01 \text{ kN}$;②建筑物下地质条件复杂,因此,设计时采用钢管桩代替钢管混凝土桩进行设计;③钢管桩的承载力包括总极限侧阻力值和总极限端阻力值,设计时,只选用总极限端阻力最为标准,即选用 $Q_{pk}=137$ kN 作为钢管桩的承载力。

因此,A 柱下所需钢管桩的数量为 $n=\dfrac{1.1F_A}{Q_{pk}}=\dfrac{292.01}{137}=2.13$,取整数 3。

A 柱下采用三根钢管混凝土桩,此时,从桩承载力角度出发,安全储备系数为 $\left(1-\dfrac{292.01}{137\times 3}\right)\times 100\%=29\%$。

2. 墙下钢管桩数量确定

以图 3-10 中最右面墙体(后墙)为例,进行设计。

(1)工程参数。

① 墙体厚度 240 mm;

② 墙体与柱采用 MU10 粘土红砖;

③ 屋面活荷载:不上人屋面 0.5 kN/m²;

④ 常用材料的自重:普通砖 18 kN/m³,钢筋混凝土 25 kN/m³;

⑤ 屋脊板厚 180 mm;

⑥ 后墙高度 6.6 m-1.0 m=5.6 m,宽 12.0 m。

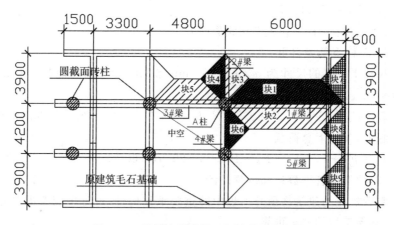

图 3-10 荷载计算屋顶双向板分区示意图

(2)荷载计算。荷载的计算包括以下几部分:上部构件传递荷载+A柱自重+托梁自重+基梁自重,即

$$F_{hq}=F_{sb}+F_q+F_{tl}+F_{dl}$$

式中:F_{hq} 为后墙下总荷载;F_{sb} 为上部构件传递荷载;F_q 为后墙自重;F_{tl} 为后墙下托梁自重;F_{dl} 为后墙下基梁传递荷载。

① 上部构件传递荷载。

(注:后厅屋顶为坡屋顶,因此荷载取值乘以 1.5 放大系数)

Ⅰ. 1♯梁传递荷载。

$$F_l^1 = 1.2 \times (F_k^1 + F_k^2 + F_G^1) + 1.4 \times F_h^{1,2}$$

式中:F_l^1 为 1♯梁传递线荷载;F_k^1 为屋顶块 1 传递线荷载;F_k^2 为屋顶块 2 传递线荷载;F_G^1 为 1♯梁自重线荷载;$F_h^{1,2}$ 为屋顶块 1、2 传递活荷载。

具体计算如下:

$$F_k^1 = 1.5 \times 25 \times 0.18 \times \frac{1}{2} \times (6.0 + 2.1) \times \frac{3.9}{2} / 6.0 = 8.89 \text{ kN/m}$$

$$F_k^2 = 1.5 \times 25 \times 0.18 \times \frac{1}{2} \times (6.0 + 1.8) \times \frac{4.2}{2} / 6.0 = 9.22 \text{ kN/m}$$

$$F_G^1 = 25 \times \frac{1}{2} \times 6.0 \times 1.8 \times 0.2 / 6.0 = 4.50 \text{ kN/m}$$

(注:此处三角形梁的尺寸为底 6.0 m,高 1.8 m)

$$F_h^{1,2} = 0.5 \times \frac{1}{2} \times (6.0 + 2.1) \times \frac{3.9}{2} + 0.5 \times \frac{1}{2} \times (6.0 + 1.8) \times \frac{4.2}{2}$$

$$= 1.34 \text{ kN/m}$$

$$\therefore \quad F_l^1 = 1.2 \times (F_k^1 + F_k^2 + F_G^1) + 1.4 \times F_h^{1,2}$$

$$= 1.2 \times (8.89 + 9.22 + 4.5) + 1.4 \times 1.34 = 29.0 \text{ kN/m}$$

因此,1♯梁传递到后墙上的荷载为 $F_l^1 \times l^1 / 2 = 29.0 \times 6.0 / 2 = 87.0 \text{ kN}$。

Ⅱ. 5♯梁传递荷载。

由对称性可知,5♯梁传递到后墙上的荷载值与 1♯梁相同,为 87.0 kN。

Ⅲ. 块 7 传递荷载。

块 7 传递线荷载与块 3 传递荷载相同,$F_k^3 = 6.58 \text{ kN/m}$,荷载值为 $6.58 \times 3.9 = 25.66 \text{ kN}$。

Ⅳ. 块 8 传递荷载。

块 8 传递线荷载与块 6 传递线荷载相同,$F_k^6 = 7.09 \text{ kN/m}$,荷载值为 $7.09 \times 4.2 = 29.78 \text{ kN}$。

Ⅴ. 块 9 传递荷载。

由对称性可知,块 9 传递荷载与块 7 相同,荷载值为 25.66 kN。

综上,后墙上部构件传递荷载为 $F_b = 87.0 \times 2 + 25.66 \times 2 + 29.78 = 255.1 \text{ kN}$。

② 后墙自重。

$$F_Q = 18 \times 5.6 \times 12 \times 0.24 = 290.3 \text{ kN}$$

③ 后墙下托梁自重。

托梁的设计尺寸初步为 $a \times b \times h = 1 \times 1 \times 0.8 \text{ m}^3$;钢筋混凝土自重为

25 kN/m³。

∴ $F_{tl}=25×1×1×0.8×5=100$ kN

（注：假设 A 柱下设置五根钢管桩）

④ 后墙下基梁自重。

A 柱下基梁的尺寸为 $a×h=250$ mm×350 mm；钢筋混凝土自重为 25 kN/m³。

∴ $F_{dl}=25×(0.25×0.35)×12=26.25$ kN

综上，后墙下总荷载：

$F_{hq}=F_{sb}+F_Q+F_{tl}+F_{dl}=255.1+290.3+100+26.25=671.65$ kN

（3）墙下钢管桩数量和位置设计。钢管桩作为建筑物顶升工程中的重要设计构件，设计中应考虑多方面因素，确保工程的安全可靠。

以后墙下所需钢管桩数量为例，设计中需考虑的因素有：①顶升中顶推力的均匀性；②建筑物与地基之间的粘结力；③顶升工程中的受力设备具有较好的安全储备；④未考虑到的影响顶升的其他因素。

设计中，保证安全性的设计思路：①建筑物下地质条件复杂，因此，设计时采用钢管桩代替钢管混凝土桩进行设计；②钢管桩的承载力包括总极限侧阻力值和总极限端阻力值，设计时，只选用总极限端阻力最为标准，即选用 $Q_{pk}=137$ kN 作为钢管桩的承载力。

因此，后墙下所需钢管桩的数量为 $n=\dfrac{F_A}{Q_{pk}}=\dfrac{671.65}{137}=4.9$，取整数 5，且具有一定的安全储备。

（4）顶升中所用钢管桩数量和位置。采用同样的方法，对其他墙体和其他柱下所需钢管桩的数量进行计算设计，可得，真武关岳庙整体顶升工程共需钢管桩 39 根，桩的具体位置如图 3-8 所示。

3.5.3　顶升体系中反力架受拉钢筋设计

选用四根 $D=20$ mm 的 HRB 钢筋作为连接托梁与法兰盘的受拉钢筋，因此，只需要进行承载力验算：

$$\sigma_{D=20}=\frac{N}{A}=\frac{\dfrac{1}{4}×240}{\dfrac{1}{4}\pi 0.02^2}=207 \text{ MPa}<335 \text{ MPa}$$

式中：240 kN 为单桩（钢管桩）承载力极限值，满足承载力要求，并且具有一定的安全储备。

已知 HRB335 钢筋的弹性模量为 $E_s=2.0×10^5$ N/mm²；当单桩达到

最大承载力 240 kN 时,每根钢筋变形量为:$\Delta l = \varepsilon l = \dfrac{\sigma}{E_s} l = \dfrac{\frac{1}{4} \times 207 \times 10^6}{2.0 \times 10^{11}} \times$

$2000 = 0.52$ mm。

3.5.4 顶升体系中托梁尺寸设计

1. 托梁抗冲切计算

根据《混凝土结构设计规范》GB 50010—2010 中"7.7 受冲切承载力计算"的规定:在局部荷载或集中反力作用下不配置箍筋或弯起钢筋的板,其冲切承载力应符合下列规定:

$$F_l \leqslant (0.7 \beta_h f_t + 0.15 \sigma_{pc,m}) \eta u_m h_0$$

上式中的系数 η,应按下列两个公式计算,并取其中较小值:

$$\eta_1 = 0.4 + \frac{1.2}{\beta_s}$$

$$\eta_2 = 0.5 + \frac{\alpha_s h_0}{4 u_m}$$

式中:F_l 为局部荷载设计值或集中反力设计值:对板柱结构的节点,取柱所承受的轴向压力设计值的层间差值减去冲切破坏锥体范围内板所承受的荷载设计值;β_h 为截面高度影响系数:当 $h \leqslant 800$ mm 时,取 $\beta_h = 1.0$;当 $h \geqslant 2000$ mm 时,取 $\beta_h = 0.9$,其间按线性内插法取用;f_t 为混凝土轴心抗拉强度设计值;$\sigma_{pc,m}$ 为临界截面周长上两个方向混凝土有效预压应力:按长度的加权平均值,其值宜控制在 $1.0 \sim 3.5$ N/mm² 范围内;u_m 为临界截面的周长:距离局部荷载或集中反力作用面积周长 $h_0/2$ 处板垂直截面的最不利周长;h_0 为截面有效高度:取两个配筋方向的截面有效高度的平均值;η_1 为局部荷载或集中反力作用面积形状的影响系数;η_2 为临界截面周长与板截面有效高度之比的影响系数;β_s 为局部荷载或集中反力作用面积为矩形时的长边与短边尺寸的比值,β_s 不宜大于 4;当 $\beta_s < 2$ 时,取 $\beta_s = 2$;当面积为圆形时,取 $\beta_s = 2$;α_s 为板柱结构中柱类型的影响系数:对中柱,取 $\alpha_s = 40$;对边柱,取 $\alpha_s = 30$;对角柱,取 $\alpha_s = 20$。

取托梁的设计尺寸为 $a \times b \times h = 1$ m $\times 1$ m $\times 0.8$ m,具体计算如下:

$\beta_h = 1.0$;$f_t = 1.27$ N/mm²;$\sigma_{pc,m} = 1.0$ N/mm²;

$u_m = 1 + 1 + 0.24 + 0.24 = 2.48$ m;

$h_0 = 0.8 - 0.05 = 0.75$ m;$\beta_s = 4$;$\eta_1 = 0.4 + \dfrac{1.2}{4} = 0.7$;

$$\eta_2 = 0.5 + \frac{30 \times 750}{4 \times 2480} = 2.8 \, ; a_s = 30 。$$

∴ $F_l \leqslant (0.7 \times 1.0 \times 1.27 + 0.15 \times 1.0) \times 0.7 \times 2480 \times 750 = 1353 \text{ kN}$

满足托梁冲切要求。

2. 托梁高度的验算

已知, C25 混凝土的抗压强度设计值 $f_c = 11.9 \text{ MPa}$; 取托梁高度方向两端 1/3 区域为有效作用区域, 且与钢管桩的接触面积为钢管桩直径×高度的一半, 即每端相互作用区域面积为 $S_A = S_B = \frac{1}{3} \times 0.8 \times \frac{0.165}{2} = 0.022 \text{ m}^2$;

各区域最大承载力 $F_A = F_B = f_c S_A = f_c S_B = 11.9 \times 10^6 \times 0.022 = 261.8 \text{ kN}$;

可提供的弯矩最大值为 $[M] > F \frac{2}{3} h = 261.8 \times \frac{2}{3} \times 0.8 = 140 \text{ kN} \cdot \text{m}$;

因为 $F_{\max} a = 240 \times 0.3 = 72 \text{ kN} \cdot \text{m} < [M] = 140 \text{ kN} \cdot \text{m}$, 所以托梁高度满足要求。

3.5.5 钢管混凝土桩的特点

真武关岳庙整体顶升工程中所采用的桩为 $D = 165 \text{ mm}$ 钢管混凝土桩, 如图 3-11 所示。之所以选择钢管混凝土桩, 主要是因为它具有如下几个特点。

1. 承载力高

众所周知, 钢材与混凝土相比具有较好的材料特性, 抗压强度、抗拉强度、抗剪强度较高, 且具有较好的塑性、较好的韧性等。因此, 工程中选用钢管桩可以大大发挥其力学性能, 减少桩的数量和所占据的体积。

2. 规格种类多

钢管的生产已经比较成熟, 流水生产后的钢管型号种类较为丰富, 基本可以满足现实生产生活中的各种使用, 对于有特殊要求的钢管也可以专门制定。而且, 对于同一管径的钢管来说, 还有许多不同的壁厚可供选择。因此, 根据实际工程的需要, 合理选择所需型号的钢管, 能够满足既安全又经济的要求。

图 3-11　D165 钢管（左）、钢管桩（右）

3. 桩长便于调整

工程中，安全、经济、工期是较为重要的控制因素。钢管桩便于运输，从工厂订货后，在工地上根据实际需要进行切割或者加长。一般情况下，常规的钢管每节长 6 m，根据需要进行加工，方便、快捷且减少浪费。

4. 对周边影响小

钢管桩因为本身具有的体积小，再加上土塞效应，所以对地基土的影响较小。工程应用表明，钢管桩具有非排土、无污染、低噪音等优点，对周边的影响比较小，有利于和谐社会的建设，具有较好的社会效益。

5. 不易腐蚀

因为钢管桩深埋于地下，与外界的空气隔绝，因此，内壁基本处于密闭状态，外壁虽有可能与地下水接触，但可以刷涂防腐剂加以保护。

根据国外的资料显示，钢管的腐蚀速度 70 年为 0.075～0.9 mm；国内规定的年腐蚀率见表 3-5 所示。

表 3-5 钢管腐蚀速率

钢管所处环境		单面腐蚀率(mm/a)
地面以上	无腐蚀环境	0.05～0.1
地面以下	水面以上	0.05
	水面以下	0.03
	波动区	0.1～0.3

6. 质量有保证

钢管是工厂大批量生产的,在出厂之前必须经过合格验证。并且,因为钢管本身具有较好的力学性能,所以在运输、安装、使用过程中,其质量具有较好的保证。钢管桩的外形和各部尺寸的误差限值详见表 3-6 所示。

表 3-6 钢管桩外形容许偏差限值

外径	桩端部		±0.5%
	桩身		±1%
厚度	≤16 mm	$\phi \leq 600$	+不定
			−0.5
		$600 < \phi < 800$	+不定
			−0.7
		$\phi \geq 800$	+不定
			−1.0
	>16 mm	$\phi < 800$	+不定
			−1.0
		$\phi \geq 800$	+不定
			−1.0

7. 施工速度快

在需要多节钢管桩的工程中,钢管之间可以进行焊接,具有连接方便、施工速度快的特点。此外,一般情况下,压桩机每天可以压桩 500 m 左右,远远高于其他桩型,缩短工期便相当于节约工程费用,因而其综合经济效益高。

8. 单价较高

虽然钢管桩具有如此多的优点,然而工程中使用钢管桩作为桩型的现象并不普遍。这主要是因为钢材的价格与其他建筑材料相比偏高,这是导致钢管桩没有在工程界普遍使用的主要因素之一。随着科学技术的不断发展,工艺水平的不断提高,我们相信钢管桩的生产价格必定会有所下降,它的应用前景会变得更加广阔。

3.5.6 管线数量、千斤顶吨位及数量

1. 管线数量

顶升采用液压同步控制技术进行,按 4 条液压管线分布,其中 3 条液压管线每线串接 10 台千斤顶,另外 1 条液压管线串接 9 台千万顶,共设 39 台千斤顶。工程中所使用的千斤顶如图 3-12 所示。根据各顶点荷载计算,最大点的顶载约 240 kN;最小点的顶载约 80 kN。依据地质报告计算后,选择 $D=165$ mm 的普通钢管为钢管桩,所有钢管桩的最后承载力控制在 260 kN 以上,于是 $39 \times 260 = 10$ 140 kN > 6970 kN(建筑物自重)。

图 3-12 工程中使用的千斤顶

2. 千斤顶吨位及数量

根据上述计算结果和管线分布,垂直顶升时,1、4 线拟选用 1 台 100 kN、2 台 150 kN、5 台 200 kN、2 台 250 kN 的千斤顶;2 线拟选用 7 台 100 kN、1 台 150 kN、2 台 250 kN 的千斤顶;3 线拟选用 7 台 100 kN、1 台 150 kN、1 台 250 kN 的千斤顶,如图 3-13 和表 3-7 所示。

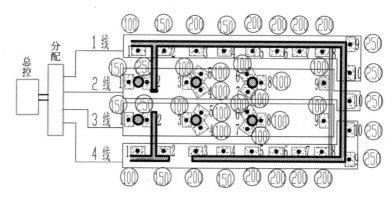

图 3-13　顶升控制系统千斤顶布置示意图

表 3-7　千斤顶规格及管线布置分布表（kN）

	顶升点编号		1	2	3	4	5	6	7	8	9	10
液压管线	1线	顶点荷载	90	120	160	110	180	180	180	180	230	210
		千斤顶规格	100	150	200	150	200	200	200	200	250	250
	2线	顶点荷载	110	210	60	60	60	60	60	60	60	210
		千斤顶规格	150	250	100	100	100	100	100	100	100	250
	3线	顶点荷载	110	210	60	60	60	60	60	60	60	
		千斤顶规格	150	250	100	100	100	100	100	100	100	
	4线	顶点荷载	90	120	160	110	180	180	180	180	230	210
		千斤顶规格	100	150	200	150	200	200	200	200	250	250

3.5.7　牛腿支撑和卡锁设计

1. 千斤顶倒程时支撑体系

对建筑物进行整体顶升时,由于千斤顶单次行程有限,需经过多次伸缩倒程才能使建筑物上升到预定高度,而千斤顶倒程卸载时,建筑物的自重须由钢管桩临时支撑。因此,必须设计有效的支撑系统,使建筑物总是处于多点支撑体系下。

2. 支撑方案

方案一:牛腿＋焊接钢筋。

在钢管桩上设置对称的 2 个牛腿支托,在 4 根受拉反力钢筋上的一定位置将 2 根短钢筋与 4 根受拉钢筋焊接固定,使千斤顶倒程前焊接的 2 根钢筋与 2 个牛腿支托顶紧。然后,便可进行千斤顶的倒程。

方案二:牛腿十卡锁。

在钢管桩上设置对称的 2 个牛腿支托,在反力架上设置卡锁结构——由 U 型卡(4 个)、方形钢片(4 个)、钢筋(4 根)、螺帽(8 个)组成。牛腿支托和卡锁的共同作用可以阻止托梁的下行,成功更换千斤顶。

当千斤顶倒程完毕后,在其底部或上部用钢垫块、钢管垫高使千斤顶伸长量为零或接近于零;然后继续顶升,如此反复,犹如逐步攀爬上升,直至顶升到设计高度。

3. 解决问题的原理

方案一:牛腿十焊接钢筋。

千斤顶倒程后,此处力的传递路径为:建筑物自重→托梁→4 根受拉钢筋→2 根焊接钢筋→牛腿支托→钢管混凝土桩→持力层。

这种传力方式发挥了顶升系统中重要构件的作用,如 4 个钢筋仍然以受拉为主,钢管桩仍然以受压为主等。然而,2 根焊接钢筋以受弯为主,牛腿支托以受剪为主。

方案二:牛腿十卡锁。

千斤顶倒程后,此处力的传递路径为:建筑物自重→托梁→4 根受拉钢筋→卡锁→钢管混凝土桩→持力层。

这种传力方式发挥了顶升系统中重要构件的作用,如 4 个钢筋仍然以受拉为主,钢管桩仍然以受压为主等。然而,卡锁机构中的短钢筋以受弯为主,牛腿支托以受剪为主。

4. 两种方案比较(表 3-8)

表 3-8　方案比较结果

	方案一:焊接钢筋	方案二:卡锁
优点	传力路径明确	以安装为主,方便、高效; 可重复使用,节约成本
缺点	焊接,施工速度慢; 焊缝要求高,效率低; 短钢筋不能取下,浪费材料	传力路径较为复杂
选择		选用

5. 支撑挂件强度验算

设计中,每根钢管桩的最大承载力为 240 kN,则每根短钢筋所受中间竖向荷载最大值为 $F_{max}=\frac{1}{2}\times240=120$ kN。工程中,选用直径 25 mm 的螺纹钢筋作为短钢筋的来源。

(1)重要几何参数如下。

① 钢筋直径 $D=25$ mm;

② 短钢筋支座间距离 $l=150$ mm;

③ 圆截面惯性矩 $I=\frac{\pi D^4}{64}=\frac{3.14\times25^4}{64}=1.9\times10^4$ mm^3,

截面模量 $W=\frac{\pi D^3}{32}=\frac{3.14\times25^3}{32}=1533.2$ mm^3;

④ HRB335 钢筋抗拉、抗压和抗弯强度设计值 $f=300$ N/mm^2,抗剪强度设计值 $f_v=170$ N/mm^2,弹性模量 $E=2.0\times10^5$ N/mm^2;

⑤ 受弯构件的容许挠度 $[v]=l/250$。

(2)抗弯强度。以短钢筋处在弹性工作阶段为设计标准。如图 3-14 所示为卡锁短钢筋抗弯力学简图。

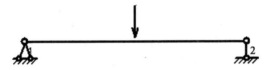

图 3-14 卡锁短钢筋抗弯力学简图

$$\because \quad \sigma=\frac{M}{W}=\frac{\frac{1}{4}Fl}{\frac{\pi D^3}{32}}\leqslant f$$

$$\therefore \quad F\leqslant\frac{4Wf}{l}=\frac{4\times1533.2\times300}{150}=12.3 \text{ kN}$$

此处短钢筋能够承受的跨中最大集中荷载为 12.3 kN,远小于钢管桩上升时的顶升荷载。实际工程中,绝大部分数量的短钢筋没有屈服,说明倒程时短钢筋所支撑的荷载没有超出此值。出现这种情况的主要原因为在某个千斤顶倒程的时候,相当于超静定结构去掉一个多余联系,内力立即重新分布给其他的多余联系,即通过基梁、受拉钢筋、钢管桩的弹性变形,将该处的力件传递到周围的钢管桩上,所以该处千斤顶倒程时所需承受的支撑力大大减小,故而直径 25 mm 的短钢筋能够承受。

（3）挠度。

对于等截面简支梁：

$$\frac{\upsilon}{l}=\frac{5}{384}\frac{q_k l^3}{EI_x}=\frac{5}{488}\frac{q_k l^2 l}{EI_x}\approx\frac{M_k l}{10EI_x}$$

$$\therefore \quad \frac{\upsilon}{l}\approx\frac{M_k l}{10EI_x}=\frac{\frac{1}{4}Fl^2}{10EI_x}=\frac{\frac{1}{4}\times1.23\times10^3\times150\times150}{10\times2.0\times10^5\times1.9\times10^4}=0.0018$$

$$\leqslant\frac{[\upsilon]}{l}=\frac{1}{250}=0.004$$

（4）牛腿焊缝计算。承受弯矩、剪力联合作用的角焊缝连接计算。

焊缝计算截面上的应力分布最上面应力最大为控制设计点。此处垂直于焊缝长度方向的应力由弯矩 M 产生：

$$\sigma_M=\frac{M}{W_e}=\frac{6M}{2h_e l_w^2}$$

剪力 N 在 A 点处产生平行于焊缝长度方向的应力：

$$\tau_y=\frac{N_y}{A_e}=\frac{N_y}{2h_e l_w}$$

式中：l_w 为焊缝的计算长度。

则焊缝的强度计算式为：

$$\sqrt{\left(\frac{\sigma_f}{\beta_f}\right)^2+\tau_f^2}\leqslant f_f^w$$

通过上式的计算可得，真武关岳庙顶升工程中所使用的焊缝长度（约 15 mm）满足要求。

牛腿支撑和卡锁实物如图 3-15 所示。

（a）

（b）

图 3-15　牛腿支撑及卡锁实物图

第4章 桩反力顶升技术的顶升施工

4.1 顶升施工概述

顶升施工是一项投资大、技术强、风险大的工程项目,在正式顶升前,一定要仔细观察、深入探讨、多方面了解工程实际概况,同时制定多个顶升设计、施工方案,并进行全面比较,选择最为科学、恰当、安全的方案实施。实施的过程中要服从统一指挥,发现问题及时解决。作为动态施工过程的建筑物顶升工程,在条件允许的情况下,应对建筑物顶升的全过程进行全面的监测,随时关注建筑物的最新发展动态,保证工程的安全、顺利进行。

一般情况下,建筑物的顶升施工宜分次分阶段进行。第一阶段:将建筑物整体顶升 10～20 mm,以便使建筑物上部结构体与下部基础分离;第二阶段:边顶升边纠偏,保证建筑物安全、顺利的抬升;第三阶段:微调阶段,对各顶升点的顶升量进行细微调整,使建筑物各部分成功顶升至设计高度。

4.2 顶升前的准备工作

4.2.1 上部构件的加固

建筑物具有良好的整体性是确保成功顶升的关键因素之一,真武关岳庙从基础至顶部乃至立柱均为低标号砂浆砌体,即无构造柱,又无钢筋混凝土地基梁或圈梁,整体性较差。因此,在正式顶升前应适当对建筑物重要结构构件进行加固,保证待施工的建筑物具有一定的刚度和整体性。

经现场对各细部结构的观察分析:真武关岳庙的屋盖、墙体与纵横梁系均较稳固,但门洞周边与 6 根砖砌圆柱其强度、刚度相对较弱,柱顶与纵横梁系的连接点也属薄弱部位。因为建筑物整体顶升工程对于结构上部构件的受力、传力体系干扰不大,因此,实际中只需要对已经出现破损或者有破损迹象的构件进行加固。对于真武关岳庙,为了更加可靠的进行顶升,应对顶升系统和建筑物稍加处理:用旧麻袋之类的柔软材料包裹绑扎加固构件,再将支撑杆架立绑扎到位,既能保证构件的连结强度,又不会损坏柱和梁。门洞处外观如图 4-1 所示。

图 4-1　门洞外观实物图

4.2.2　基础处理

由于真武关岳庙已建成多年,原有的基础沉降基本稳定,故寺庙抬升 1.3 m 后,新增墙与柱体对地基的压应力增量均小于 10 kN/ m²。经过勘测试验得出,整个寺庙的地基承载力均大于 200 kN/ m²,而顶升后寺庙墙、柱基础任一点的压应力都小于 150 kN/ m²,故顶升到位后,寺庙的墙、柱基础均不需要另行加固。

寺庙顶升到位后,用液压系统保持上部结构锁定控制在设计高度,然后将传递建筑物自重的反力架钢筋牢固地焊接于钢管桩上,如图 4-2 所示。此时力的传递路径为:建筑物自重→托梁→反力架钢筋→桩→持力层。然后,将基槽清理平整后,浇灌基底混凝土,其上砌筑粘土红砖至设计高度,如图 4-3 所示。

图 4-2　钢筋与钢管桩焊接　　　　图 4-3　顶升至预定高度后砌砖

4.3　顶升实施过程

4.3.1　托梁与基梁的施工

1. 墙下托梁

沿墙体周边按水平距 1.5～2.0 m 的间隔开挖顶升用的托梁基坑,基坑要穿过原墙基,长宽各为 1.0 m,深 0.8 m,并将此范围内的原毛石砌体全部挖除。按设计绑扎钢筋及预埋垂直反力顶升钢管,最后浇注混凝土,形成托梁,如图 4-4、图 4-5 所示。

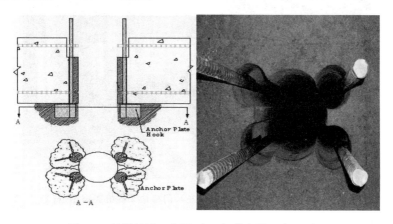

图 4-4　托梁剖面示意图(左)、钢筋布置示意图(右)

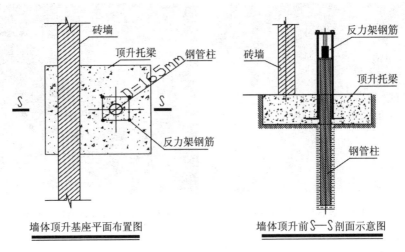

墙体顶升基座平面布置图   墙体顶升前S—S剖面示意图

图 4-5 墙托梁与反力装置平面图(左)、墙托梁与反力装置剖面图(右)

2. 柱边托梁

因庙内部 4 根柱所受压力较大,因此对于这 4 根柱的顶升,施工中采取如下托换方法:沿柱周边按三方呈 120°方向分别开挖,将原毛石基础托换成三角形的钢筋混凝土托梁,如图 4-6(左)和图 4-7 所示。寺庙门口外面 2 根柱,因受力比内部 4 根柱子受力小,因此采用 1 根柱子配备 2 根钢管桩的方式进行托换,如图 4-6(右)所示。

图 4-6 内柱边 3 根桩实物图(左)、门柱边 2 根桩实物图(右)

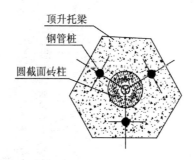

图 4-7　内柱托梁与反力装置平面图

3. 基梁

基梁是托梁之间的联系构件，在顶升过程中具有保证多个托梁同步上升的重要作用。为了减少托梁的偏心受压，基梁的轴线应通过与其相连 2 个托梁的钢管混凝土孔位，如图 4-8 所示。

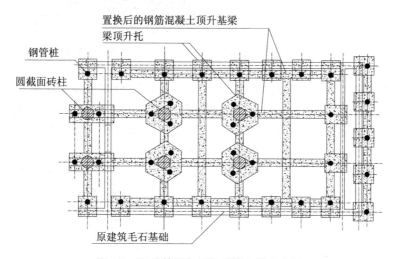

图 4-8　顶升基梁与托梁平面布置示意图

4.3.2　千斤顶的安置和油泵的连接

反力架（钢筋拉杆、反力承载法兰盘）、千斤顶、钢管桩、托梁，形成钢管桩反力顶升系统，按照方案设计进行设置，与液压油泵、管线进行连接。

钢管桩反力顶升系统如图 4-9、图 4-10 所示。

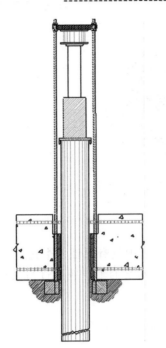

图 4-9　钢管桩反力顶升系统示意图　　图 4-10　钢管桩反力顶升系统实物图

　　由于钢管伸出地面的高度大于顶升高度,顶升时在反力的作用下,托梁沿着钢管上升,故钢管在提供反力的同时,又起到了托梁导轨的作用,保证了建筑物在控制内垂直上升。部分钢管桩深度与承载力曲线如图 4-11 所示。

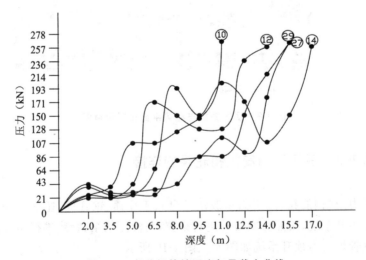

图 4-11　部分钢管桩深度与承载力曲线

4.3.3　观测点的布设和仪器的调试

1. 结构主要受力构件应力监测点

对于真武关岳庙上部混凝土梁进行应变观测，共粘贴 8 个应变片，具体粘贴位置如图 4-12 所示。

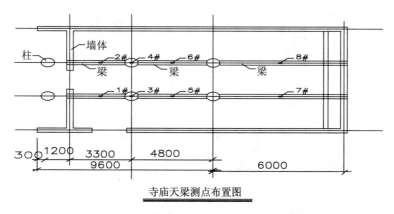

寺庙天梁测点布置图

图 4-12　寺庙上部混凝土梁测点布置平面示意图

对于基础连系梁，在前厅和后厅 2 根主要横向梁的跨中粘贴应变片，详见“第 5 章　顶升中的过程监测”。

2. 调试仪器

建筑物整体顶升工程具有一定的风险性，为了保证顶升工作安全、顺利地进行，在正式顶升前应对各种设备进行全面的安全检查，以确保这些设备在顶升过程中的正常运行。对工程中用到的精密仪器，如水准仪、经纬仪、卡尺、百分表等进行校验，以保证测量结果的正确性。部分测试设备的调试方法如下。

（1）水准仪。为了衡量水准仪的精确与否，可以事先完成一个闭合导线的测试。在进行水准仪的操作时，应先粗整平，后精整平。其具体方法为：先旋转仪器的脚螺旋，使圆水准器的气泡居中；然后，调整水准管精确居中，使水准仪的视线水平。

（2）经纬仪。对于经纬仪的使用，也应掌握其正确的方法。经纬仪调试的正确方法为：先架设好仪器，然后调平，用十字丝中点对准远处某建筑物的特定位置，然后分别调整水平和垂直刻度盘到“0”刻度；调好后，将经纬仪水平方向转动180°,将望远镜垂直转动180°,看望远镜十字丝的中心与建筑物特定位置的差距,便可得出经纬仪的误差。

(3)加压系统的测试。真武关岳庙整体顶升中的加载装置为液压千斤顶油泵;反力系统由反力桩、液压千斤顶、垫块所组成,如图4-13所示。液压千斤顶放置于钢管混凝土反力桩上,要求钢管混凝土桩的最大承载力大于顶升过程中千斤顶传来的竖向反力。这样,才能保证顶升过程中钢管桩的稳定,建筑物的顺利抬升。

图4-13 牢固的反力系统(左)、液压千斤顶油泵(右)

为了减少千斤顶倒程的次数,实际工程中可以选用一种或者几种型号的千斤顶串联使用,这样相当于变相增加了千斤顶一次顶升的距离,从而缩短,顶升所用时间,提高工作效率。油泵是为千斤顶提供油压的装置,油泵上面有刻度表盘,可以通过率定、转换得到千斤顶端部所施加力的大小。油泵和千斤顶为顶升工程中的重要工具,应加强对其可靠性的关注和检验。在正式顶升前,还要确保所有的千斤顶与油泵连接完好,油管密封性良好,千斤顶活塞运动正常等。

建筑物每级顶升量的多少,可以根据千斤顶的行程大小和总顶升高度对比后进行合理设计。

从托换施工、压桩、正式顶升到顶升完毕,真武关岳庙整体顶升工程中先后使用了5种型号的千斤顶。

各种型号千斤顶顶升量与油压关系曲线,如图4-14所示。

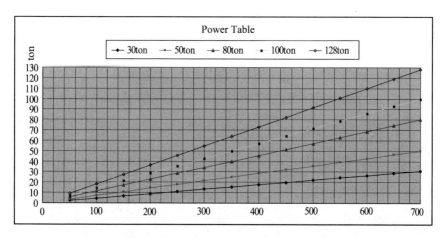

图 4-14　各种型号千斤顶顶升量与油压关系曲线图

4.3.4　建筑物整体顶升

待托梁梁达到设计强度,钢管桩达到设计深度具有要求的承载力,整个顶升区域内的千斤顶调试完毕、安装平稳,液压管密封良好,各种监测仪器功能正常之后,开始试顶。

真武关岳庙整体顶升工程,首先将寺庙整体顶升 10cm,使上部结构体与下部基础完全分离。这次顶升是顶升工作的开始,宜放慢速度,保证安全,密切关注顶升过程中各种仪表的显示,深入了解初步顶升中建筑所发生的变化。

经检查,初步顶升一切正常,便继续顶升。顶升过程中,及时添加垫片以弥补千斤顶的行程。在千斤顶倒程的过程中,采取了分台次的进行方式,由此防止因千斤顶同时倒程使结构体受力过于集中而发生危险。

待整个建筑物顶升到预定位置后,立即将墙体主要受力部位垫牢,并用砖或混凝土进行受力构件的连接。对于采用桩反力顶升技术的真武关岳庙,待其达到设计高度后,将反力系统中的受力钢筋与钢管桩焊接牢固,然后分批卸除千斤顶。

本工程共布置 39 个千斤顶。顶升所有作业人员 10 人,包括砌砖、填楔、更换千斤顶、测量、检测、指挥等人员。在顶升过程中技术和测量人员随时把实施情况向指挥员汇报,由指挥员根据各种情况采取相应措施,保证顶升的顺利进行。

实施结果:顶升作业 7 天内完成,寺庙顺利顶升到预计高度,效果良好,业主满意,受到当地人民的一致好评。顶升后的真武关岳庙如图 4-15 所示。

图 4-15　顶升竣工后的真武关岳庙

第5章 顶升中的过程监测

5.1 顶升中影响结构安全的因素

在顶升施工中,某些因素或环节可能对结构安全造成一定的影响。

1. 沉降

建筑物顶升前、顶升中、顶升后均有可能产生沉降。这些沉降的产生有可能引起墙体的开裂、重要结构构件的破坏等。顶升过程中,千斤顶成为整个建筑物传力的载体,由于千斤顶基座或者顶盘刚度不够,也有可能引起建筑物局部的破坏。

2. 倾斜

建筑物的顶升,是由多台千斤顶共同施加顶推力完成的,因此保证千斤顶的同步上升尤为重要。一旦千斤顶在施工过程中没有达到完全的一致性,就有可能使顶升的建筑物发生倾斜、扭转等现象,导致其受力复杂,严重时可能会产生建筑物破损或者倒塌等现象。

3. 顶升速度

建筑物顶升是一个动态的过程。然而,顶升中应尽量保证建筑物的匀速上升,使建筑物的受力形态与顶升前不发生较大改变。同时,建筑物平稳的上升也便于顶升工作的控制,便于及时查看建筑物的实际形态,保证建筑物整体顶升的可靠性和安全性。

4. 振动加速度

在顶升过程中,千斤顶活塞的上升和下降都会产生振动加速度。振动加速度对于建筑物的平稳性会产生不利影响,较大的振动加速度有可能引起结构构件或非结构构件的破坏,并且给人们心理带来一种不安全感。

5. 结构安全隐患

刚建成的建筑物可能会由于地质、设计、施工等原因存在安全隐患。在役时间较长的建筑物可能会由于不均匀沉降、改变设计用途、老化破损等原因存在安全隐患。对这些隐患如果平时没有留意很难发现,然而它们对顶升可能会产生危险。

5.2　过程监测的目的和内容

为了避免上述因素在顶升施工中对结构的安全产生不利影响,确保顶升的平稳性和可靠性,采用科学、完善的过程监测系统,对建筑物顶升中各参数进行全面监测显得尤为重要。过程监测的内容主要包括 3 部分。

第 1 部分:准备工作。在顶升工作开始前,应对建筑物的地质状况、结构形式、使用破损等情况进行全面了解,并根据需要合理选择监测点。

第 2 部分:过程监测。主要包括建筑物或构筑物关键部位应变、顶升速度、建筑物倾斜以及对关键部位裂缝等的监测。

第 3 部分:动态参数。主要是振动加速度的全程监测,包括建筑物顶升过程中启动振动、停止振动、故障振动等特征时刻,建筑物的纵向、横向、竖向振动加速度的采样和分析。

因真武关岳庙整体顶升工程规模不大,投资不高,经商讨决定,降低顶升速度,因此没有进行动态参数的采集工作。然而,在其他大型重要项目的顶升过程中,为了全面了解建筑物或构筑物在顶升中的实时状态,建议采用静态过程监测和动态过程监测相结合的方式,确保顶升工程的顺利进行。

5.3　过程监测的结果

5.3.1　关键部位应变的监测

1. 顶升过程中上部纵横梁应变的观测

为了保证顶升过程中重要结构构件的安全性,监测结构中的应力变化,在真武关岳庙上部纵横梁中设立了 8 个应变观测点,测点布置如图 5-1 所示。

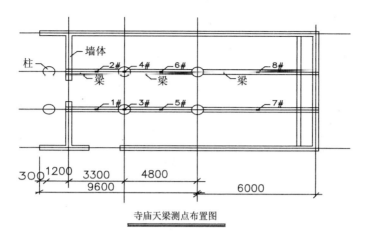

寺庙天梁测点布置图

图 5-1 寺庙上部纵横梁应变测点布置图

对于应变的检测,施工时采用了 DH3815N 应变仪观测控制点的应变变化情况。图 5-2 为顶升第三天得到的寺庙上部纵横梁应力变化图(部分测点对比图)。

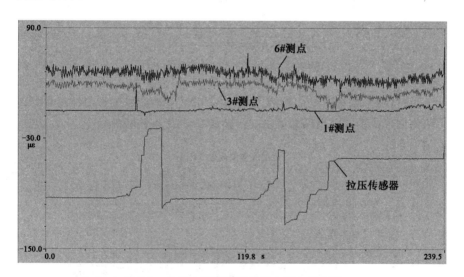

图 5-2 寺庙上部纵横部分测点应变变化图

注:①寺庙正式顶升第三天应力变化图;

②灰色线条为 1# 测点应力变化曲线,青色线条为 3# 测点应力变化曲线,深蓝色线条为 6# 测点应力变化曲线,蓝色线条为拉压传感器应变变化曲线。

2. 顶升过程中基梁应变的观测

为了保证顶升安全顺利地进行,防止基梁在顶升中的破坏,施工时在基梁中设立了 4 个应变监测点,如图 5-3 所示。

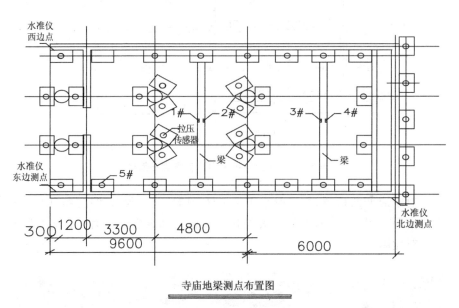

寺庙地梁测点布置图

图 5-3　寺庙基梁测点布置图 1-4 #

同时,对于基梁应变的检测,施工中采用了手动应变仪观测控制点的应力变化情况。图 5-4 为顶升第三天得到的基梁应力变化图。

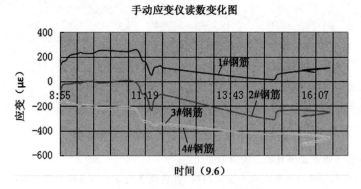

图 5-4　基梁测点应力变化图

从图 5-2 和图 5-4 可以看出,在寺庙顶升的过程中,上部纵横梁、地基梁内的应变变化不太大,对真武关岳庙主体结构基本没有造成较大损伤。

5.3.2　顶升速度监测

对于真武关岳庙来说,千斤顶的顶升速度就是寺庙的上升速度。在千斤顶旁边固定标尺,顶升时,每 10 s 暂停一次用于记录数据。真武关岳庙顶升施工中共使用 39 个千斤顶,分 4 条油路供油。因此,选取 10 个观测点测试顶升的行程,行程除以时间得到即时速度(速率)。

5.3.3　建筑物倾斜监测

在工程顶升中需要控制建筑物的倾斜,过大的倾斜量将引起建筑物的损坏或倒塌。对建筑物倾斜的监测,主要通过经纬仪在形成直角的两个方向上同时观测,进而得出倾斜角度和方向。一旦发现建筑物超出允许倾斜角度,应立刻停止顶升,并进一步发现问题、分析原因,修订方案,以确保建筑物顶升过程的安全性和可靠性。

对倾斜观测数据进行整理和分析后,得出以下监测结论:在顶升过程中,建筑物的倾斜较小,与初始位置相比,最大倾斜量仅为 3 mm,横向倾斜角度小于 0.05°,在安全范围之内,如图 5-5 所示。

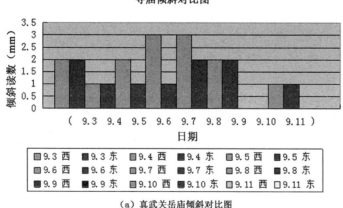

(a)真武关岳庙倾斜对比图

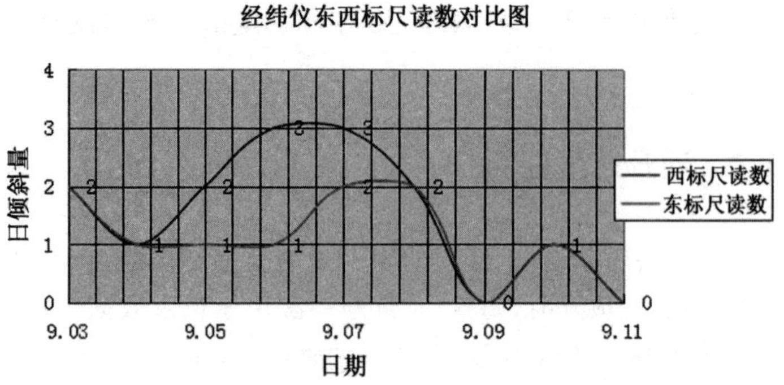

经纬仪东西标尺读数对比图

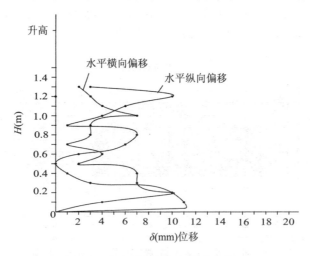

（b）真武关岳庙监测经纬仪东西标尺读数对比图

图 5-5　真武关岳庙顶升过程中倾斜监测

5.3.4　建筑物偏移监测

1. 纵向监测与控制

在顶升过程中,取侧墙的中线作为监测线,随时通过经纬仪观测建筑物的纵向偏移。若纵向偏移超过 10 mm,必须通过液压系统对千斤顶进行调整。由图 5-6 可知,在顶升的全过程中纵向偏移值在 11 mm 内变化。

图 5-6　升高过程与各向偏差曲线图

2. 横向监测与控制

在顶升过程中,取端墙的中线作为监测线,随时通过经纬仪测出建筑物的横向偏移。当横向偏移超过 10 mm 时,通过液压系统对千斤顶进行调整。由图 5-6 可知,在顶升的全过程中横向偏移值在 10 mm 内变化。

3. 顶升就位的偏差控制

顶升前在建筑物的四角分别设观测点,并作上记号,用水准仪分别测出四点的各自相对标高。顶升到位后,再分别测量各点的标高,就位后结构四角测点的偏差控制在 10 mm 以内;若有偏差,则通过液压系统及时进行调整,以保证建筑物的水平姿态。

5.3.5　关键部位的裂缝监测

在整个顶升工程施工期间,技术人员对许多关键部位的裂缝进行了观测和考察。由于真武关岳庙为砌体结构,顶升过程中,虽然部分墙体的局部位置出现了较大裂缝,但由于及时对液压顶升系统进行了调整,因此在顶升过程中基本没有对上部结构产生较大破坏。

真武关岳庙顶升过程中的监测系统如图 5-7 所示。

图 5-7　真武关岳庙整体顶升过程中的监测系统

对以上监测内容小结如下:顶升过程中所作的各种监测,实际为密切关注顶升建筑物的空间状态。对于真武关岳庙顶升的过程监测,施工中取得了大量的实测数据,虽有几次偏移和裂缝超标,但都得到了及时调整,保证了顶升工作的安全、顺利进行。

5.4　监测结论

　　本次过程监测是对真武关岳庙顶升全过程进行的科学性、系统性活动，数据量大且较为全面，因此，分析所得的结果具有一定的客观性。

　　通过对实测结果的统计分析，可以得到以下结论。

　　(1)真武关岳庙顶升过程中，抬升较为平稳，具有较好的安全性和可靠性。

　　(2)真武关岳庙顶升过程中，由于建筑物的受力情况较为复杂、千斤顶顶升的不(完全)同步性等原因，致使建筑物在顶升的过程中发生一定的倾斜、偏移、扭转等变形，理论研究与实际情况存在一定的出入。关于顶升过程中建筑物受扭的原因和解决方法，还需进行更加深入的讨论和实验研究。

　　(3)真武关岳庙顶升过程中，虽然墙体的局部位置出现了较大裂缝，但由于砌体结构本身的特性，顶升工作完成后，经过适当地加固补强，裂缝消失，建筑物仍满足使用要求。

第6章 顶升工程的研究结论与展望

6.1 结论

（1）对于砌体房屋、毛石堆砌基础、无钢筋混凝土基础梁、无圈梁、无构造柱的建筑物，由于其整体结构较为松散，建筑物的刚度较低、整体性较差，因此在进行整体顶升前，首先要做好其基础改造工作，保证基础具有一定的刚度。

真武关岳庙整体顶升工程中，托梁和基础梁的使用，增加了建筑物的整体刚度，较好地保证了建筑物同步、安全、平稳上升。

（2）托梁、钢管桩的巧妙组合使用，使得39根钢管桩不仅可以作为建筑物的支撑，同时也形成了建筑物垂直上升的导轨，保证了建筑物顶升时具有较好的垂直姿态。

（3）桩反力顶升技术可以用于进行结构整体顶升、建筑物纠偏等加固改造工程。由于该方法具有施工空间小、操作简单、无噪音、无污染等优点，具有较好的经济、社会效益和广阔的应用前景。

（4）不论是顶升前、顶升中，还是顶升后，都应积极做好观察、监测工作，以确保顶升施工的顺利、安全进行。

实践证明，真武关岳庙整体顶升工程采用桩反力顶升技术进行施工，投资总额与撤除重建相比少很多，获得了较大的社会效益和经济效益。特别是对于一些不便撤除的古建筑及具有重要历史纪念意义的建筑物、构筑物，桩反力顶升法具有更加广阔的社会效益和深远政治影响力。

整体顶升工程具有一定的风险性，尤其是对于整体性较差、刚度较低的建筑物而言，工程的风险程序更高。因此，在勘察、设计、施工、监测时，必须仔细观察、深入思考、全盘把握，做到科学合理，从而确保工程的安全顺利进行。

6.2 展望

6.2.1 对顶升工程的展望

1. 完善顶升理论

目前,对建筑物整体顶升技术尚无完备的设计理论支撑,在顶升装置的数量、布设位置等诸多方面缺乏规范的依据,顶升工程设计施工很大程度上取决于工程经验。因此,为了保证顶升工程更加安全顺利的进行,亟待通过试验研究,建立起完整合理的建筑物整体顶升设计施工理论,使顶升工程更具科学性、规范性。

2. 确保顶升的同步性

液压千斤顶由于受压不同或者制造误差,在顶升的过程中,有时并不能达到理想的完全同步上升,这样不仅影响顶升施工的效率,还会对建筑物的安全造成隐患。若能将各千斤顶与计算机相连,就能通过传感器反馈的数据,自动控制千斤顶顶升的速度和顶升的距离,这样既可以提高顶升的效率,又可以减少工人的数量,并且顶升质量也更加可靠。

3. 革新顶升设备

在顶升工程中,虽然已经逐渐使用专用的液压千斤顶,但千斤顶的行程较小。对于一些顶升位移较大的工程来说,更换千斤顶不但费工、费时,而且更换的过程也会对顶升质量产生影响。因此,对于顶升工程而言,亟待新的顶升设备的革新和出现,使顶升过程更加安全可靠,并提高顶升速度。

4. 控制参数的规范化

目前,顶升工程中许多控制参数,如千斤顶数量、油压值、每次顶升量等,大多数凭经验确定。因此,规范顶升工程中的控制参数、监测参数显得尤为重要。

5. 过程监测的重要性

过程监测包括静态过程监测和动态过程监测。其中,动态过程监测主要是振动加速度的全面监测,包括建筑物顶升过程中启动振动、停止振动、故障振动等特征时刻建筑物纵向、横向、竖向振动加速度的采样和分析。这些监测项目都是在顶升施工中难以直接观察到的,却对顶升工程安全顺利地进行具有重要的影响。

6.2.2　对顶升工程研究工作的展望

本书所研究的真武关岳庙桩反力顶升技术,是针对特定条件下的顶升工程进行的,有其特殊性。虽然书中力求对同类顶升工程的共性进行分析研究,但建筑物在地质条件、结构特点、破损状况等诸多方面存在一定的差异。这些差异会使得顶升工程在设计内容、施工方法等方面有所不同。本书通过对真武关岳庙顶升工程设计、施工进行的分析研究,认为在以后的顶升工程中还应该完善以下工作。

(1)整体顶升工程是一项技术大、风险高的修复改造工程。在条件允许的情况下,应重视对静态、动态监测重要性的认识。在施工过程中,监测可以引导施工,施工又可以为监测提供数据。

(2)整体顶升工程中,结构各部分的同步上升是顶升工作的重点和目标。目前,基于计算机控制的液压同步控制技术已经得到实际应用,这种技术通过指令来控制液压千斤顶的升降,较好地保证了各台液压千斤顶在顶升过程中的同步性,消除了由于顶升的不同步性所引起的结构体扭转、倾斜、断裂等现象,从而保证了顶升工程的安全性、可靠性。因此,在工程环境许可的情况下,为了确保顶升施工的顺利进行,建议对液压同步控制技术加以研究和应用。

综上所述,在以后的顶升工程实践中,应对不同工况的顶升工作进行分析总结,使顶升技术在建筑物、构筑物修复改造中的应用越来越广、越来越成熟,为建筑物、构筑物的修复和改造做出更多积极的贡献。

第7章　钢管混凝土桩的概述

7.1　桩的分类

  桩基础是最古老的基础型式之一。早在有文字记载之前,人类就懂得在地基条件不良的河谷和洪积地带采用木桩来支撑房屋。1982年,人们在智利发掘的文化遗址所见到的桩大约距今12 000~14 000年。我国在汉朝已用木桩修桥。到宋代,桩基技术已比较成熟。早期的桩多为木桩。

  桩基不仅历史悠久,而且经久耐用。我国古代许多建造于软弱地基上的重型、高耸建筑以及历史名桥都是因为成功地运用了桩基础,才能抵御住无数的次地震灾害和海浪冲击而仍不失当年雄姿。

  19世纪20年代,人们开始使用铸铁钢板桩修筑围堰和码头。到20世纪初,美国出现了各种形式的型钢,在密西西比河上的钢桥开始大量使用钢桩基础,其后在世界各地推广,并逐渐发展出钢桩、钢板桩及异形断面钢桩等类型。

  20世纪初,钢筋混凝土预制构件问世后,出现了钢筋混凝土预制桩。我国从20世纪50年代开始生产预制功能混凝土桩,多为方桩,以后又广泛采用抗裂能力高的预应力钢筋混凝土桩。

  以混凝土或钢筋混凝土为材料的另一种类型的桩是就地灌注混凝土桩。20世纪20—30年代已出现沉管灌注混凝土桩。随着大型钻孔机械的发展,出现了钻孔灌注桩。20世纪50—60年代,我国的铁路和公路桥梁就开始大量采用钻孔灌注桩和挖孔灌注桩。随着桩基施工技术的提高,灌注桩的桩径、桩长也不断增大。目前我国桥梁工程中最大桩径已超过5 m,基桩入土深度已达100 m以上。

  随着科学技术的发展,为了满足各种结构物的要求,适应不同地质条件和施工方法,在工程实践中可采用各种不同类型的桩。

  按不同的分类方法可把桩分为若干类。

7.1.1　按成桩方法对土层的影响分类

不同成桩方法对周围土层的扰动程度不同,直接影响到桩承载能力的发展和计算参数的选用。一般按成桩方法可把桩分为挤土桩、部分挤土桩和非挤土桩。

(1)挤土桩,也称排土桩。在成桩过程中,桩周围的土被挤密或挤开,使周围的土层受到严重扰动,土的原始结构和工程性质发生很大改变。这类桩主要包括打入或压入的木桩、混凝土桩,打入的封底钢管桩和混凝土管桩,沉管式灌注桩等。

(2)部分挤土桩,也称微排土桩。在成桩过程中,桩周围的土仅受到轻微的扰动,土的原始结构和工程性质变化不明显。这类桩主要包括打入的小截面 I 型或 H 型钢桩、钢板桩、开口式钢管桩和螺旋桩。

(3)非挤土桩,也称非排土桩。在成桩过程中,将与桩体积相同的土挖出,因而桩周围的土较少受到扰动,但有应力松弛现象。这类桩主要包括各种类型的挖孔和钻孔灌注桩、井筒管桩和预钻孔埋桩等。

7.1.2　按桩材分类

根据桩的材料,可把桩分为木桩(包括竹桩)、钢桩、混凝土桩(包括钢筋混凝土桩)和组合桩。

(1)木桩。以天然圆木或加工后的方木作为桩。

(2)钢桩。早期使用的是铸铁板桩,现在使用的主要有型钢和钢管两大类。型钢有各种形式的板桩,主要用作临时支挡结构或永久性码头工程。钢管桩由各种直径和壁厚的无缝钢管制成。

(3)混凝土桩。混凝土桩是目前世界各地应用最广泛的桩。它又被分为预制混凝土桩和就地灌注混凝土桩两大类。

(4)组合桩。组合桩是指一根桩用两种材料组成,如泥面以下用木桩,水中部分用混凝土桩。这种桩早期曾用,现在已很少使用。

7.1.3　按桩的功能分类

按桩的功能主要为承受轴向垂直荷载、水平荷载或两种兼而有之,可把桩分为抗轴向压桩、抗横向压桩和抗拔桩。

1. 抗轴向压桩

一般的工业民用建筑和桥梁的基桩,在正常条件下(不考虑地震),主要承受从上部结构传来的垂直荷载。抗轴压桩进一步按桩的荷载传递机理又划分为以下几类。

(1)摩擦桩。外部荷载主要通过桩身侧表面与土层的摩阻力传递给周围的土层,桩间部分承受的荷载很小,一般不超过10%。这类桩基的沉降较大。

(2)端承桩。通过软弱土层后桩尖嵌入基岩的桩,外部荷载通过桩身直接传给基岩桩的承载力主要由桩的端部提供,一般不考虑桩侧摩阻力的作用。

(3)端承摩擦桩。在荷载作用下,桩的端阻力和侧壁摩阻力都同时发挥作用。这也是最常用的桩。这类桩的端阻力和侧阻力所分担荷载的比例与桩径、桩长、软土层的厚度,以及持力层的刚度有关。若进一步划分,这类桩又可被分为端承摩擦桩(侧摩阻力成分居多)和摩擦端承桩(端阻力成分居多)。

2. 抗横向压桩

桩身要承受弯矩,其整体稳定性则靠桩侧土的被动土压力或水平支撑和拉锚来平衡。港口码头工程用的板桩、基坑的支护桩等都属于该类桩,主要承受作用在桩上的水平荷载。

3. 抗拔桩

主要抵抗作用在桩上的抗拔荷载,如水下抗浮力桩基、牵缆桩基、输电塔、发射塔桩基、桥梁工程的锚桩等。

当然,许多建筑物的桩要求同时承受轴向荷载和水平荷载,或同时要考虑拉和压的作用。

7.1.4　按成桩方法分类

随着科学技术和施工机械的发展,不断出现一些新的成桩方法和工艺,这里仅介绍常用成桩方法所形成的桩。

1. 打入桩

打入桩是指将预制桩用击打或振动的方法打入地层至设计标高。打入的机械有自由落锤、蒸汽锤、柴油锤、压缩空气锤和振动锤。遇到难于通过的地层时,可辅之以射水枪。预制桩包括木桩、混凝土桩和钢桩。

2. 就地灌注桩

就地灌注桩按成孔的工艺又可分为以下若干类。

(1)沉管灌注桩。即将钢管(钢壳)打入土层到设计标高,然后灌注混凝土。灌注混凝土过程中可逐渐将钢管拔出,或留在土层中。

(2)钻孔灌注桩。使用机械成(钻)孔,一般设有护壁或泥浆护壁,不扰动周围土层。钻孔的机械有冲击钻、旋转钻(还可分为正循环、反循环等)、长螺旋和短螺旋等,适用于不同的土层。

(3)人工挖孔灌注桩。人工取土成孔,类似古代的打井方式,一般采用砖护壁或不护壁,多用于短粗桩,但也有用于桩长20多米的情形。

(4)夯扩桩、复打桩、支盘桩等。为提高灌注桩的承载力,可用管内锤击法或扩孔器将桩的端部扩大,也可将桩身局部扩大,借以改变受力状况。形成扩底的为夯扩桩,桩中出现树枝"托盘"的为支盘桩,桩底分叉较多的为树根桩等。

3. 静压桩

静压桩是指利用无噪声的机械将预制桩压至设计标高。

4. 螺旋桩

螺旋桩是指在木桩或混凝土桩的端部安装有螺旋钻头,借旋转机械将桩拧入土层至设计标高。这种桩现已较少使用。

5. 水泥土搅拌桩

水泥土搅拌桩又可分为深层搅拌桩和粉喷桩。这种桩将水泥、土混合在一起搅拌施工成桩,属复合地基的柔性桩。

6. 碎石桩

碎石桩是指在软地基中设置一群碎石桩体,碎石桩体和原来的软基共同组成复合地基,也属于复合地基柔性桩。

7.2　钢管混凝土原理及分类

7.2.1　钢管混凝土的原理

钢管混凝土是钢管套箍混凝土(Steel Tube-Confined Concrete,STCC)的简称。它是将混凝土填入薄壁圆形钢管内而形成的组合材料,是套箍混凝土(Confined Concrete)的一种特殊形式。在国外也称之为混凝土填心钢管(Concrete-Filled Steel Tube,CFST)。但这种说法似不够准确,因为它只从现象上表述了混凝土对钢管的填充,而没有从本质上突出圆钢管对核心混凝土的套箍约束。这种说法往往就把用混凝土填心的方钢管也包括进去了,而方钢管对核心混凝土并无多大套箍约束作用,不属于套箍混凝土之列。

套箍混凝土的基本原理是利用横向配筋对受压混凝土施加侧向约束,使其处于三向受压的应力状态,延缓其纵向微裂缝的发生和发展,从而提高其抗压和压缩变形能力。

其他形式的套箍混凝土如借助密排的螺旋形(环形)箍筋、方格钢筋网片、预应力绕丝和复合方形箍筋等来实现混凝土的套箍强化。

钢管混凝土的基本原理如下。

(1)与上述套箍混凝土相同,借助圆形钢管对核心混凝土的套箍约束作用,使核心混凝土处于三向受压状态,从而使核心混凝土具有更高的抗压强度和压缩变形能力。

(2)借助内填混凝土的支撑作用,增强钢管壁的几何稳定性,改变空钢管的失稳模态,从而提高其承载能力。

7.2.2　钢管混凝土的分类

钢管混凝土按截面形状的不同可分为圆钢管混凝土、方钢管混凝土、矩形钢管混凝土,还有比较少见的多边形钢管混凝土。其中研究和应用最为广泛的是圆钢管混凝土。由于其平面形状呈轴对称,承受压力荷载时钢管环向应力均匀,同时核心混凝土受到紧箍力也均匀,因而受力性能最好;并且圆形钢管还具有加工成型方便的优点,因此在实际工程中应用最为广泛。

根据钢管与混凝土的组合关系,钢管混凝土除了以上内填型外,还有内填外包型和空心圆管型。同时内填型根据核心混凝土内部是否配筋还可以分为配筋内填型钢管混凝土和不配筋内填型钢管混凝土。

钢筋混凝土根据钢管内核心混凝土的性质不同又可分为普通混凝土、普通膨胀混凝土、补偿收缩混凝土、膨胀自应力混凝土、高强膨胀混凝土;另外,根据混凝土的材料组成不同,其还可以分为素混凝土、粒子或纤维增强混凝土、轻集料混凝土。

7.3　钢管混凝土在桩基中的运用

7.3.1　钢管混凝土桩的特点

钢管混凝土的工作原理利用钢管和混凝土这两种材料在受力过程中的的相互作用:钢管对内部的混凝土有约束作用,使其处于复杂应力状态,从而提高了混凝土的强度,也改善了其塑性及韧性性能;同时,填充在钢管内部的混凝土也可以延缓甚至避免钢管的局部屈曲,这使得材料的性能得到了充分的发挥。总之,钢管与混凝土的组合,不但弥补两种材料各自的缺点,而且充分发挥它们的优点,实现了取长补短的理想效果。

将钢管混凝土运用于桩基有如下优点。

1. 承载力高

与钢管桩相比,钢管混凝土桩由于有混凝土的存在从而使钢管的局部稳定性增强;与钢筋混凝土桩相比,钢管对混凝土的约束作用使混凝土处于复杂应力状态,从而混凝土强度得到提高。理论研究和实验研究均表明,钢管混凝土构件的轴向承载力约为钢管和混凝土单独受力之和的 1.3 倍以上。因此,钢管混凝土桩适用于高、重、大建(构)筑物的基础桩。

2. 抗弯能力强

钢管混凝土可承受较大的水平荷载,适用于作为受地震力、波浪力和土压力等水平力的建(构)筑物,如高架桥路、防波堤、码头等的基础桩。

3. 塑性和韧性好

由于钢管混凝土中钢管对核心混凝土的约束作用,使核心混凝土处于三向应力状态,混凝土除强度提高外,其塑性和韧性也大为改善。理论和实验证明,钢管混凝土结构在往复荷载作用下的延性有很大的提高,这表现为钢管混凝土构件的滞回曲线形状呈饱满的纺锤形(与钢结构的滞回曲线形状类似),而钢筋混凝土的滞回曲线呈梭形。在承受冲击荷载时,钢管混凝土结构也表现出良好的抗冲击能力。因此,这种形式的基础在抵抗地震力和船舶撞击力方面有较强的优势。

4. 经济效果比较好

钢管混凝土与钢管桩相比,由于有混凝土的存在而使钢管的局部稳定性得到增强,且混凝土承担了较大的轴向荷载,为此钢管混凝土桩中钢管的厚度可以小得多,这就节省了大量的钢材,而混凝土的价格比钢材低得多,因此,钢管混凝土桩比钢管桩要更经济,这种优势在承受较大荷载的桩基中更为显著。

5. 规格多种多样

由于钢管外径和壁厚种类多,再加上混凝土标号的差异,因此钢管混凝土桩具有较多的规格,这有助于选用合适的桩的尺寸。

6. 刚性好,便于施工

钢管混凝土的刚性好,为施工的进行提供了很大便利。

7.3.2 钢管混凝土桩的设计施工原则

(1)钢管混凝土桩具有优良的性能,主要是外包钢管与核心混凝土通过相互作用而弥补了各自的缺点,并发挥了各自的优点,因此,设计时应充分考虑钢管和混凝土的组合性能。根据桩基所处环境和受力特点,钢管混凝土桩的最优设计是使在重复荷载作用下的钢管混凝土结构与土的弹性和塑性反应相平衡,并能在某些情况下抵抗由风、水流、地震、船舶撞击和冰流产生的横向力。

(2)对于钢管混凝土桩,在桩顶受偏压荷载时,偏心矩虽因桩身挠曲而有所增大,但是,由于桩挠曲时受到土的侧向抗力约束而使挠曲变形减小,加上受水平荷载桩的最大允许变形对于一般建筑物仅为 10 mm,对敏感和有特殊使用要求的建筑物仅为 6 mm,该水平挠曲对轴向压力偏心矩的增幅是很小的,因此一般不考虑偏心矩增大的问题,仅对桩在外露地面较长以及桩侧土层为特别软弱土层、液化土层时才予考虑。

(3)由于钢管混凝土桩中钢管暴露于土、水或大气中,这必然会引起钢管的腐蚀,从而影响钢管混凝土桩的性能。这是工程师们普遍担心的问题,也是影响该种结构应用的原因之一。设计时,应根据设计基准期确定钢管的腐蚀厚度或采取抗腐蚀措施。根据日本对地下水(或土)对钢管桩抗腐蚀性的测定结果,确定预留 2 mm 厚作为钢管外表为 80 年的腐蚀量即可。或采取相应的防腐措施,如涂防腐层、阴极保护法等。

(4)根据《建筑桩基技术规范》(JGJ 94—2008):计算桩身轴心抗压强度时,不考虑压曲的影响,即取稳定系数 $\varphi_l = 1.00$。仅当自由长度较大的高承台桩基,桩周为液化土,地基极限承载力标准值小于 50 kPa 或地基土不排水抗剪强度小于 10 kPa 的超软土时,才考虑压曲影响。

(5)在闭口钢管桩中,其承载机理与混凝土桩可以说是完全相同的。也曾有过侧阻力随钢材、混凝土表面性质不同而异之说,但大量的实验证明,侧阻力对于钢材、混凝土而言,并无区别,可取相同值。原因是侧阻的破裂面发生在靠近桩表面的土体中,而不是发生在桩土界面(硬土除外)。这正好符合钢管混凝土桩基。因此,在钢管混凝土桩承载力验算时,根据的土层参数采用预制混凝土桩的土层承载力参数,而不是因钢管混凝土桩的表面性质与预制混凝土桩表面的不同而采取不同的参数。

(6)由于混凝土水化作用放热,再加上桩底及桩周土的隔热作用,将使桩的温度升高,导致混凝土强度降低,因此,应采取适当措施如降低水泥用量、用粉煤灰取代相当部分水泥等将温升降到最小。

7.4　钢管混凝土受压构件的稳定

单管混凝土属于双轴对称截面,在轴心压力的作用下,只可能产生弯曲屈曲,由于失去稳定而破坏。

两端铰接的轴心受压杆,当轴心压力达临界力 N_k 时,杆件发生微微弯曲,但仍保持平衡。

根据弹性稳定理论,可得临界力为:

$$N_k = \frac{\pi^2}{l_0^2} E_{sc} I_{sc} \qquad (7.4.1)$$

如在弹塑性阶段屈曲,临界力则为:

$$N_k = \frac{\pi^2}{l_0^2} E'_{sc} I_{sc} \qquad (7.4.2)$$

式中:E_{sc} 和 E'_{sc} 为钢管混凝土组合弹性模量和组合切线模量;I_{sc} 为钢管混凝土截面的惯性矩;l_0 为杆件的计算长度,两端铰接杆时为杆长。

写成临界应力时:

$$\sigma_{cr} = \frac{N_k}{A_{sc}} = \frac{\pi^2 E_{sc} \tau}{\lambda^2}$$

(7.4.3)

式中:$\tau = E'_{sc}/E_{sc}$,弹性阶段 $\tau = 1$,弹塑性阶段 $\tau < 1$;$\lambda = 4l/D$ 为构件的长细比,l 是构件的计算长度,D 是构件的直径。

当 $\sigma_{cr} = f^p_{sc}$ 时,可确定弹性屈曲与弹塑性屈曲的界限长细比 $\lambda_p = \sqrt{E_{sc}/f^p_{sc}}\,\pi$,列入表 7-1。

表 7-1 λ_p 值

钢材	混凝土	含钢率 α			
		0.05	0.1	0.15	0.20
Q235	C30	114	114	114	114
	C40	113	113	113	113
	C50	114	114	114	114
	C60	114	114	114	114
Q345	C30	94	94	94	94
	C40	94	94	94	94
	C50	94	94	94	94
	C60	94	94	94	94
Q390	C30	88	88	88	88
	C40	88	88	88	88
	C50	88	88	88	88
	C60	88	88	88	88

当 $\sigma_{cr} = f^y_{sc}$ 时,可确定强度破坏与稳定屈曲的界限长细比 $\lambda_0 = \sqrt{E'_{sc}/f^y_{sc}}\,\pi$,列入表 7-2。这里 E'_{sc} 是组合强化模量。

表 7-2 λ_0 值

钢材	混凝土	含钢率 α			
		0.05	0.1	0.15	0.20
Q235	C30	15	14	15	15
	C40	13	13	13	13
	C50	11	11	11	12
	C60	10	10	10	10

续表

钢材	混凝土	含钢率 α			
		0.05	0.1	0.15	0.20
Q345	C30	14	14	14	15
	C40	13	12	12	13
	C50	11	11	11	12
	C60	10	10	10	10
Q390	C30	14	14	14	15
	C40	12	12	13	13
	C50	11	11	11	12
	C60	10	10	10	11

临界应力 σ_{cr} 与抗压强度标准值 f_{sc}^y 之比 φ' 称为轴心受压构件的稳定系数：

$$\varphi' = \sigma_{cr}/f_{sc}^y \tag{7.4.4}$$

稳定系数和钢材强度、混凝土强度及含钢率等有关。经分析,在常用含钢率范围内,φ' 主要与钢号有关。经拟合后,φ' 值可按下式计算：

$$\varphi' = \begin{cases} 1.0 & \lambda_{sc} \leqslant \lambda_0 \\ (A_1 - A_3\lambda_{sc}^2)/A_2 & \lambda_0 < \lambda_{sc} \leqslant \lambda_p \\ A_4/\lambda_{sc}^2 & \lambda_{sc} > \lambda_p \end{cases} \tag{7.4.5}$$

式中：$A_1 = 1 - \dfrac{1.0766 f_y^2/235^2 + 3.038 \times 10^{-3} f_y/235}{320 + 4.68 f_y^2/235^2 + 32.4353 f_y/235}$；

$\qquad A_2 = 1 - \dfrac{6.11 \times 10^{-3} f_y/235}{320 + 4.68 f_y^2/235^2 + 32.4353 f_y/235}$；

$\qquad A_3 = 3.89 \times 10^{-5} f_y/235 - 1.3649 \times 10^{-5} f_y^2/235^2$；

$\qquad A_4 = 2428 + 6416.17 \times 235/f_y$。

众所周知,理想的轴心受压构件是不存在的。工程结构中,常存在构件的初始弯曲与荷载的偶然偏心。设计时必须计入这些影响,把上面导得的稳定系数再计入一个附加安全系数 k_{cr}。在与实验结果比较的基础上,取 k_{cr} 值如下：

$$k_{cr} = \begin{cases} 1.0 & \lambda_{sc} \leqslant 30 \\ 1.0 + 0.1\sin\dfrac{(\lambda - 30)\pi}{90} & 30 < \lambda_{sc} \leqslant 120 \\ 1.0 & \lambda_{sc} > 120 \end{cases} \tag{7.4.6}$$

这样,最后得轴压构件的设计临界应力为：

$$\sigma'_{cr} = \varphi' f^y_{sc}/k_{cr} = \varphi f^y_{sc} \qquad (7.4.7)$$

其中 φ 是设计稳定系数：

$$\varphi = \varphi'/k_{cr} \qquad (7.4.8)$$

正如上面提到的,工程结构中构件总存在一些缺陷,不存在理想的轴心受压柱。为了考虑这一实际情况,引入了一个附加安全系数。从理论上说,这一处理方法不太理想,应考虑初始缺陷按偏心受压构件来直接确定其临界力更为合理。

因此,我们按具有初始荷载偏心 $e_0 = l/1000$ 的偏心受压构件确定临界应力 σ^0_{cr},则得稳定系数为

$$\varphi = \sigma^0_{cr}/f^y_{sc} \qquad (7.4.9)$$

稳定系数 φ 列入表 7-3 中。

表 7-3　稳定系数 φ

$\lambda = 4L_0/d$		10	20	30	40	50	60	70	80
钢材	Q235	1.000	0.998	0.989	0.972	0.946	0.912	0.860	0.819
	Q345	1.000	0.998	0.987	0.966	0.935	0.895	0.844	0.783
	Q390	1.000	0.998	0.987	0.966	0.934	0.892	0.840	0.778
$\lambda = 4L_0/d$		90	100	110	120	130	140	150	
钢材	Q235	0.760	0.692	0.617	0.521	0.444	0.383	0.333	
	Q345	0.712	0.632	0.541	0.455	0.387	0.334	0.291	
	Q390	0.705	0.622	0.529	0.444	0.379	0.327	0.284	

注:表内中间值可采用插入法求得。

稳定系数 φ 只和钢材及构件长细比有关。此系数已为"钢管混凝土组合结构设计规程"DL/T 5085—1999 所采用。

构件的稳定承载力按下式计算:

$$\sigma = N/A_{sc} \leqslant \varphi f_{sc} \qquad (7.4.10)$$

7.5　桩的屈曲稳定分析

7.5.1　桩的屈曲稳定的影响因素

基桩的屈曲分析(或称纵向挠曲分析),是一个极为复杂而又具有实际工程意义的问题。大量实验研究表明,当基桩自由长度较大时,很可能发生

屈曲破坏,尤其是软弱土层中的桩基,更应考虑屈曲分析。因此,作为桥梁桩基,纵向挠曲是其设计所必须考虑的问题之一。再则,在桩身材料强度的验算中,也不可避免地要用到桩的稳定计算长度。

由于基桩的受力状况具有其特殊性,其屈曲稳定有如下影响因素。

1. 基桩两端的约束条件

经典弹性理论表明,当杆件两端所受的约束越强时,杆件越不容易屈曲,同样当桩顶、桩端的约束程度越强时,则桩身屈曲计算长度就越小,相应的屈曲临界荷载就越大,桩身将越不容易出现屈曲破坏。因此桩端嵌固有利于桩的稳定性。理论和实验表明,对于桩端未嵌固在岩石中的超长桩,当桩长超过一定长度后,可将超长桩末端看作嵌固。桩顶自由的高承台桩由于存在一定自由长度,并且该自由段无侧向支撑,因此高承台桩易于发生屈曲,并且当自由长度越大,这种不利影响将越显著。因此,对桥梁中的高桩承台基桩、港口工程的高桩码头等,设计时应注意控制桩顶自由长度,必要时应对自由段设置约束。

2. 桩顶承台的影响

工程中多采用群桩基础,群桩是通过承台来共同承担上部结构的,桩承台板的刚度通常较大,受荷后变形特别是竖向挠曲变形非常小,因此桩承台可以对桩荷载进行调解,使各个桩受荷相对均匀,即桩承台对群桩有约束作用,调整群桩中各个桩的位移与转角。也就是说受荷小的基桩承台板对受力大的基桩屈曲起到阻碍作用。因此工程实践中通常认为,若基桩按单桩进行屈曲分析结果安全,则该桩在桩基中也是安全的;但若按单桩分析结果不安全,并不能认为该桩在桩基中就不安全,这时合理而准确的分析方法应该是考虑承台的有利影响、对群桩进行屈曲稳定分析。

3. 桩的长细比

长细比是一个无量纲量,是衡量压杆稳定的综合指标。桩的长细比对桩屈曲荷载的影响和普通压杆长细比对屈曲影响是一致的,它的作用是显而易见的。长细比越大,临界应力越小。所以基桩的长细比亦是影响高桥墩桩基屈曲的重要因素之一。

4. 桩周土性质

桩基发生屈曲破坏与普通压杆破坏的最大不同就是桩基有桩周土体的约束,而普通压杆却没有这种约束。正是由于这种约束的存在使桩的抗屈曲能力得到加强。由于土体在受到挤压的时候会产生相应的抗力,故当桩基出现横向变形时,土体会对土中的基桩产生水平抗力,可认为土体给桩身提供了水平方向的约束作用,限制了桩身水平位移的发展。因此水平抗力越大,桩身位移越小,桩越不容易发生屈曲。可见,桩周土性质与桩基的屈曲密切相关。在计算桩基屈曲极限荷载时必须考虑桩侧土体抗力的发挥特性,否则,结果会与实际情况不符。桩身屈曲分析和屈曲临界荷载的求算,涉及桩侧上体的侧摩阻力作用,而土对桩作用的摩阻力沿桩身的变化情况又随土的种类、桩的施工方法等因素而变。

因为桩周土体与桩体屈曲密切相关,所以不同的桩周土体对桩屈曲的影响是不同的。不同土体对基桩的握裹作用是不同的,较软的土体对基桩的约束肯定弱于较硬土体对基桩的约束,因此软弱土层易发生屈曲。此外自然中的土体总是分层的,不同分层对桩体屈曲的影响也是不同的:在上层土体较软、下层土体较硬或者上层土体较硬、下层土体较软的不同情况下,桩基发生屈曲的极限荷载是有差别的。由于桩周土体对桩屈曲有着巨大影响,因此对高承台桩来讲,入土桩体越长对桩体的稳定越有利。

5. 桩自身对屈曲的影响

桩身屈曲与桩体本身的几何尺寸、桩身材料强度等因素有关。如桩体截面越大,桩体截面抗弯刚度越大,桩体越不容易发身屈曲;桩身材料强度越大,弹性模量越大,桩体抗屈曲能力越强。但对于施工中造成桩体的初始缺陷则对桩体屈曲产生不利的影响。例如,桩体的倾斜会使桩的受力变得更加复杂。在这种情况下,桩体受到类似于倾斜荷载的作用。对于倾斜荷载通常我们把它分为水平和竖向两种荷载,在水平荷载下桩体会产生位移,尽管这种位移可能是微小的;竖向荷载会由于桩体的水平位移会产生一附加弯矩,而这一弯矩反过来又会加剧桩身挠曲变形的发展,即产生所谓的"P-Δ"效应。因此桩身倾斜会降低桩体的抗屈曲能力。此外,在施工中还可能造成桩身轴线偏位(初弯曲)、桩顶荷载偏心,甚至桩身质量缺陷(如缩径、夹泥甚至断桩)等,所有的这些缺陷都会显著降低桩身临界屈曲荷载。因此在施工中我们要加强施工质量。

要想全面地考虑诸特点去精确地分析基础中桩的屈曲及其屈曲临界荷载是极为困难的。但一般可以认为,如果桩基中的桩按单桩进行屈曲分析结果是安全的;那么该桩在桩基中也是安全的。但反过来说,如果桩基中的桩按单桩分析结果不安全,而该桩在桩基中则不一定就是不安全的。因此,在工程中通常只要保证单桩的屈曲分析结果安全,也就不必再去考虑桩基中桩的屈曲问题。

7.5.2 钢管混凝土桩基于欧拉公式的理论分析

仅考虑桩顶和桩端约束条件时,单桩的临界荷载可用欧拉公式求得:

$$P_{cr} = \frac{\pi^2 EI}{(\mu l)^2} \tag{7.5.1}$$

式中:μ 为计算长度系数;l 为桩长;EI 为桩的弯曲刚度,钢管混凝土桩的 EI 可参照《钢管混凝土结构技术规程》(CECS28-2012)的相关规定计算。

但是,在考虑桩周土约束桩的临界荷载的已有研究中,仅给出两端为铰支情况下的临界荷载:

$$P_{cr} = \frac{\pi^2 EI}{l^2} + \frac{kbl^2}{\pi^2} \tag{7.5.2}$$

式中:b 为桩直径。

可根据欧拉公式进行修正,用公式:

$$P_{cr} = \frac{\pi^2 EI}{(\mu l)^2} + \frac{kbl^2}{\pi^2} \tag{7.5.3}$$

表示桩端不同约束条件下考虑桩周土约束时的临界荷载。若同时考虑桩侧负摩阻力和桩初始缺陷等因素影响,桩身压屈临界荷载将产生明显变化,可引入综合影响系数 α,有

$$P_{cr} = \alpha \left[\frac{\pi^2 EI}{(\mu l)^2} + \frac{kbl^2}{\pi^2} \right] \tag{7.5.4}$$

随着桩计算长度增加,桩身压屈临界荷载开始不断减小,当桩计算长度达到某一值时,桩的压屈临界荷载达到最小值;此后,随着桩计算长度增加,桩的压屈临界荷载反而增大。由 $\mathrm{d}p_{cr}/\mathrm{d}l = 0$ 可得:

$$P_{\min} = \alpha \frac{2\sqrt{EIkb}}{\mu} \tag{7.5.5}$$

式中:α 无法用理论公式表达,可借助有限元法计算出 $P_{\min}$ 后,再求出 α;k 为土体水平抗力系数,可按 $k = \overline{E_s}/H$ 计算,其中,E_s 为桩穿越的各土层压缩模量按厚度方向的加权平均值,H 为桩穿越的土层厚度。

7.6 钢管混凝土桩基的发展现状

日本对钢管混凝土桩在承受弯曲和轴向荷载作用下的力学性能以及极限弯矩时的挠度与曲率的计算方法均进行了比较深入的试验研究,建立了相应的计算公式,而且提出了计算时所采用的假设,具体如下。

(1)受压区与受拉区的应力分布均为矩形。

(2)混凝土的抗拉强度可忽略不计,混凝土的压应力由于受到钢管的约束作用而提高到最大值时,可认为是恒值。

(3)钢材的拉伸与压缩的应力—应变关系,可采用从钢管上取样所得的试验数据。

他们对影响空心钢管混凝土桩力学性能的有关参数也进行了下列试验研究。

1. 混凝土厚度和钢管壁厚的影响

荷载—挠度试验结果表明:当混凝土厚度为 6 cm,抗弯试验的挠度达 25 cm 时,荷载能保持稳定,试件并未破损,也无异常情况。而把混凝土厚度减薄为 2.5 cm 和 4.0 cm,抗弯试验的挠度分别为 7.3 cm 和 13.6 cm 时,荷载值则迅速下降,并随着挠度的继续增加而不断下降。

由此可见,钢管混凝土的弹性变形受到了厚壁钢管和薄层混凝土的限制。

2. 钢管与混凝土的粘结强度的影响

钢管混凝土桩抗弯试验的跨中挠度与荷载的关系表明:不管是采用普通或膨胀混凝土,也不管在钢管与混凝土接触处是否有增强连接件,其试验结果都是一致的。这说明钢管混凝土桩的抗弯性能并不需要借助于提高钢管与混凝土的粘结强度,因为在离心成型时,钢管与混凝土已有足够的粘结强度。

钢管混凝土桩的结构形式,根据力学性能需要,也可在混凝土中配置钢筋骨架。

美国的有关设计规范和标准,规定了钢管可采用无缝管和焊接管,最佳长度认为是 12.2～36.6 m。无缝钢管的直径通常采用 15.2～61 cm,壁厚 0.28～1.59 cm;焊接管的直径通常采用 20.3～91.4 cm,壁厚 0.28～1.59 cm;对于钢管混凝土桩的安全荷载计算,目前尚无统一的规定,但目前已提出几种不同的计算方法。

(1)比例分配法:假定混凝土与钢管各承担一部分荷载,按各自的截面积和弹性模量进行分配。计算公式如下:

$$R = (A_c + nA_m)(0.225 f'_c)1.2 \tag{7.6.1}$$

式中:R 为桩的安全荷载,lb;A_c 为混凝土的截面积,in^2;A_m 为钢管的截面积,in^2;n 为钢和混凝土的弹性模量比值;f'_c 为混凝土的 28 天抗压强度,lb/in^2。

（2）极限荷载法：考虑了混凝土和钢管在荷载分配上的不确定性。计算公式为：

$$R=(0.85 f'_c A_c + f_{syp} A_m)/FS \qquad (7.6.2)$$

式中：f_{syp} 为钢管材质的屈服极限，lb/in^2；FS 为安全系数；A_m 为钢管的截面积扣除 1/16 in 的腐蚀管壁厚度。

其他符号同上。

（3）ACI 方法：采用了钢管状的螺旋筋包裹混凝土芯的柱的计算方法。计算公式为：

$$R=0.225 f'_c A_c + f'_r A_m \qquad (7.6.3)$$
$$f'_r = (18\,000 - 70 l/r)F$$

式中：f'_r 为钢管的容许应力，lb/in^2；l 为钢管的自由长度，in；r 为钢管的回转半径，in；F 为钢管的屈服极限除以 45 000，如钢管的屈服极限未知，可取 $F=0.5$。

此外，有关的规范和标准对钢管和混凝土在负荷时的应力，根据不同的 $1/d$ 和桩的拼接部位，也作出了相应的限制和规定。

对于钢管混凝土桩的抗震性能，新西兰学者认为混凝土处于钢管的约束中，可以增大极限压缩应变值，从而提高其延性。关于这一点，已被轴压与弯曲荷载共同作用下的检查钢管混凝土桩所承受的剪应力和轴向压应力的试验结果所证实。

加拿大学者对钢管混凝土桩在海洋环境中的防腐蚀性能进行了试验研究，认为在钢管中灌注聚合物混凝土具有应用价值。

7.7　课题的研究意义与主要内容

迄今为止，国内对钢管混凝土桩基的稳定性研究很少。为此，本书根据广西壮族自治区贺州市望高镇真武关岳庙的工程实践，对该项目的钢管（混凝土）桩的稳定性进行研究。

望高镇真武关岳庙项目中通过千斤顶利用结构物自重提供反力将钢管桩压入土层，通过控制系统将反力钢管桩下压到设计控制值（265 kN）时，停止压桩。压桩过程中，通过现场测试，绘制出静压钢管桩在荷载作用下随深度变化的承载力，通过 MATLAB 进行曲线拟合，得出承载力-深度曲线。

本书对所得的 39 根钢管桩的承载力-深度曲线进行分析比较，选出具有代表性的 3 根桩，根据测得的数据分段计算出 Newton 插值多项式。

本书分别对以上 3 根桩进行理论分析，根据现行规范计算出单桩竖向极限承载力和屈曲临界荷载，又使用级数法计算屈曲临界荷载，通过进行比较确定了影响桩屈曲稳定的因素。

本书还通过 ANSYS 有限元软件对钢管桩的压弯性能进行了全过程非线性的分析。通过模拟计算与理论计算结果的对比，并结合工程实际，推导出了拟合公式，可供工程设计参考。

第8章 钢管（混凝土）桩施工实践

8.1 工程概况

8.1.1 基本概况

位于广西壮族自治区贺州市望高镇的真武关岳庙建于 20 世纪 90 年代，由望高镇的民众为方便朝拜天神共同集资于 1997 年建成（图 8-1），寺庙全貌简况如图 8-2 所示。寺庙为砌体结构，墙体由青砖砌成，无构造柱，无地基梁，屋面梁为钢筋混凝土现浇梁。建筑为三开间相连形式，进深 15.6 m，面宽 10.8 m；中间 3.6 m×4.8 m 的小天井将室内庙堂自然地分成前后厅。整个寺庙长 10.5 m，宽 22.0 m，总占地面积 231.0 m²。

随着社会的迅猛发展，寺庙所在位置的地面标高远低于现规划的路面标高，为确保寺庙的室内地面高于现规划的路面高度，决定将寺庙整体升高 1.3 m，由武汉长江加固技术有限公司与韩国高丽株式会社采用液压整体顶升法联合施工（图 8-3）。

图 8-1 顶升前真武关岳庙外貌图

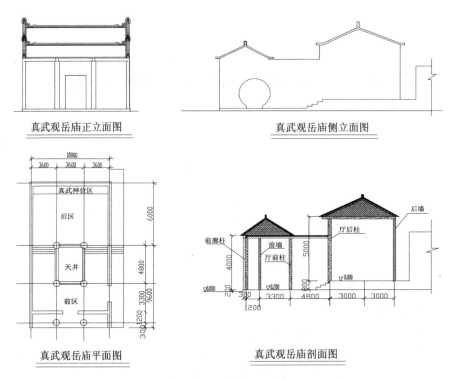

真武观岳庙正立面图   真武观岳庙侧立面图

真武观岳庙平面图   真武观岳庙剖面图

图 8-2   真武观岳庙建筑平面、立面、剖面示意图

图 8-3   顶升 1.3 米高后真武关岳庙外貌图

8.1.2　地质资料

由地质勘探得出,工程场地原为荷塘,因此地基承载能力较差。场地地层由上而下依次如下。

(1)人工填土(Q^{ml}):黄色,主要成分为砂性土,上部现为耕作层,植物根茎发育,为当年人工回填而成,呈松散状。

(2)淤泥质粉质粘土(Q_4^{al}):褐色,褐黄色,主要成分为粉土,湿,含水饱和,富含有机质,钻进时无须加压钻具自行下落,呈软塑-流塑状态。

(3)碎石土(Q_4^{el}):褐黄色,黄色,由残积而成,主要成分为粉土,并有碎石分布,其碎石的主要成分为砂岩石,透水性强,呈稍密-松散状。

(4)石灰岩(D):灰色,深灰色,厚-巨厚层状,细晶结构,岩石坚硬致密,岩芯呈长柱或短柱状,属硬质层。

其中,每处地址各层厚度各有差异。

8.2　施工方案

(1)沿所有墙体内侧按水平距 2 m 左右布点开挖基坑,基坑挖于基础以下并垂直穿过原基础。

(2)按设计布设钢筋及预埋垂直反力顶升钢管桩(见图 8-4),钢管 $D=$ 165 mm,$L=2000$ mm。

(3)在全部预设顶升位上逐一安装好顶升器、液压管网、整体顶升控制系统及工程监测仪器等所有设备。

(4)通过控制系统将反力钢管桩下压到设计控制值(265 kN)时,停止压桩,往钢管内浇筑 C25 号混凝土,形成钢管混凝土桩。钢管混凝土桩便是一个强大的承载力设备,可以通过调节桩的深度来达到对承载力的要求,最后实施顶升(见图 8-5)。

本工程桩反力顶升技术整体提升采用韩国进口油泵和液压千斤顶,设置压桩深度总控制计算机。在压桩过程中通过总控制计算机测出随深度变化时桩承受荷载值,测量值真实可靠。

根据设计初步计算,房屋顶升总重力约为 4 970 kN。顶升采用 PLC 液压同步控制技术进行,按 4 条管线分布,每条管线可支持 10 台千斤顶。共设 39 个顶点,即 39 台千斤顶,其中最大顶载约 230 kN。在压桩过程中,对这 39 个桩顶点处对桩承受荷载值随深度变化进行测量。

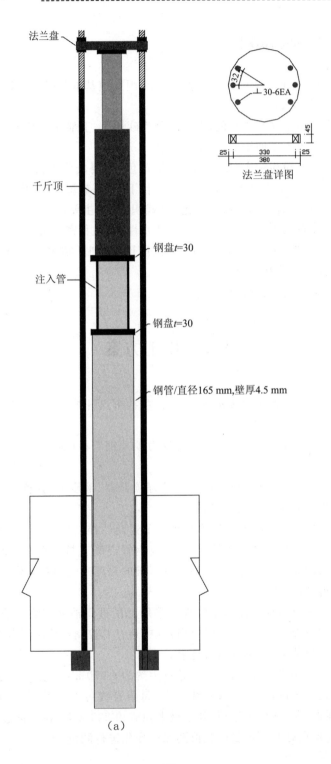

法兰盘

千斤顶

注入管

钢盘t=30

钢盘t=30

钢管/直径165 mm,壁厚4.5 mm

法兰盘详图

⊥30-6EA

(a)

（b）

图 8-4　钢管桩反力顶升系统实物图

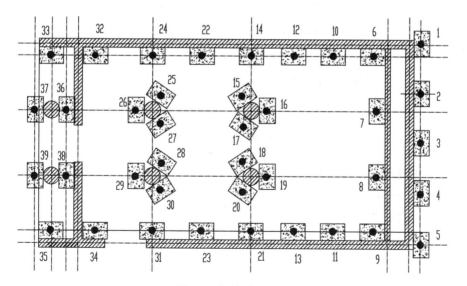

图 8-5　钢管桩分布图

8.3 顶升托梁与反力系统设计

8.3.1 顶升托梁设计

沿墙体周边按水平距 1.5～2.0 m 的间隔开挖顶升用的托梁基坑,基坑要穿过原墙基,长、宽各为 1 m,深 0.6 m,并将此范围内的原毛石砌体全部挖除。按设计绑扎钢筋及预埋垂直反力顶升钢管,最后浇灌混凝土,待混凝土固化完成后,即形成顶升时的托梁(图 8-6)。

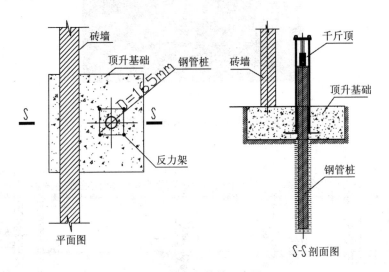

图 8-6 静压钢管桩示意图

沿柱周边按三方呈 120°方向分别开挖与墙基尺寸等同的柱体托梁基坑,每边抠入 1/3 原柱基宽度,施工方法与墙基相同,其配筋与混凝土量均按设计计算实施。

在基坑开挖时,为确保上部结构体的整体安全,采取分批间隔式开挖与浇灌钢筋混凝土,待第一批混凝土浇灌完成后,再开挖第二批,如此循环直至完成。

8.3.2　反力系统设计

将直径为 165 mm 的钢管和反力架钢筋拉杆同时预埋入混凝土托梁中，另将整体液压同步顶升千斤顶置于钢管顶部的反力架拉杆之间，反力架拉杆顶部设有控制钢板，当液体推动千斤顶内的活塞向上运行时，由于反力架法兰盘控制钢板的阻挡，迫使钢管向下运行，当钢管下行的阻力大于托梁上部结构体的重量时，则反力形成，于是建筑物便被向上顶起(图 8-6)。在顶升之前，先将钢管桩压到预定的设计值 265 kN。

8.4　千斤顶的布置

顶力计算及千斤顶选用：根据初步计算，房屋顶升总重力约 4 970 kN。顶升采用 PLC 液压同步控制技术进行，按 4 条管线分布，每条管线支持 10 台千斤顶。共设 39 个顶点，即 39 台千斤顶，其中最大顶载约 230 kN，最小顶载约 60 kN。根据上述计算结果和管线分布，垂直顶升时，1、4 线的千斤顶拟选用 1 台 100 kN、2 台 150 kN、5 台 200 kN、2 台 250 kN；2 线的千斤顶拟选用 7 台 100 kN、1 台 150 kN、2 台 250 kN；3 线的千斤顶拟选用 7 台 100 kN、1 台 150 kN、1 台 250 kN(图 8-7，表 8-1)。

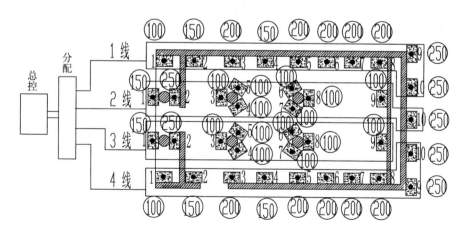

图 8-7　顶升控制系统千斤顶布置示意图

表 8-1　千斤顶布置及管线重力分布（kN）

		顶升点位编号	1	2	3	4	5	6	7	8	9	10
液压管线	一线	顶点荷载	90	120	160	110	180	180	180	180	230	210
		千斤顶规格	100	150	200	150	200	200	200	200	250	250
	二线	顶点荷载	110	210	60	60	60	60	60	60	60	210
		千斤顶规格	150	250	100	100	100	100	100	100	100	250
	三线	顶点荷载	110	210	60	60	60	60	60	60	60	
		千斤顶规格	150	250	100	100	100	100	100	100	100	
	四线	顶点荷载	90	120	160	110	180	180	180	180	230	210
		千斤顶规格	100	150	200	150	200	200	200	200	250	250

8.5　静压桩的施工过程控制

静压法施工是通过静力压桩机的压桩机构，以压桩机自重和机架上的配重提供反向液压力而将桩压入土中的沉桩工艺。这种施工方法具有无噪声、无振动、无冲击力等优点，适应今后对基础工程的质量要求；压桩桩型一般选用预制桩，具有工艺简单、质量相对可靠、造价低、检测方便等特点，有望成为今后桩基发展的优势产品。本工程利用结构物自重提供反力的千斤顶压入钢管桩的施工方法是静压法沉桩的一种。

8.5.1　静压桩的沉桩机理

沉桩施工时，桩被压入土体中时原土体的初应力状态受到破坏，造成桩尖下土体的压缩变形，土体对桩尖产生相应的阻力，随着桩贯入压力的增大，当桩尖处的土体所受应力超过其抗剪强度时，土体发生急剧变形而达到极限破坏，黏性土体产生塑性流动，砂土被挤密侧移和下拖，地表处的黏性土体会向上隆起，砂性土则会被拖带下沉。在地面深处由于上覆土层的压力，土体主要向桩水平方向挤开，使贴近桩周处土体结构完全破坏。由于较大的辐射向压力的作用，也使邻近桩周处的土体受到较大扰动。此时，桩身必然会受到土体的强大法向抗力所引起的桩周摩阻力和桩尖阻力的抵抗，当桩顶的静压力大于沉桩时的这些抵抗阻力时，桩将继续下沉。反之，桩则停止下沉。需注意的是,桩的终压力和入土深度必须符合设计要求及地质勘察要求。

压桩时,地基土体受到强烈扰动,桩周土体的实际抗剪强度与地基土体的静杰抗剪强度有很大差异。随着桩的沉入,桩与桩周土之间将出现相对剪切位移,由于土体的抗剪强度和桩土之间的粘着力作用,土体对桩周表面产生摩阻力。当桩周土质较硬时,剪切面发生在桩与土的接触面上;当桩周土体较软时,剪切面一般发生在邻近于桩表面的土体内,黏性土随着桩的沉入,桩周土的抗剪强度逐渐下降,直至降低到重塑强度。砂性土中除了松砂外,抗剪强度变化不大,各土层作用于桩上的桩侧摩阻力并不是一个定值,而是一个随着桩的继续下沉而显著减小的变值,桩下部摩阻力对沉桩阻力起显著作用,其值可占沉桩阻力的 $50\%\sim80\%$,它与桩周处土体强度成正比,与桩的入土深度成反比。黏性土中,桩尖处土体在扰动重塑、超静孔降水压力作用下,土体的抗压强度明显下降。砂性土中,密砂受松弛效应的影响土体抗压强度减小,松砂受挤密效应的影响土体抗压强度增大。在成层土地基中,硬土中的桩端阻力还将受到分界处黏土层的影响,上覆盖层为软土时,在临界深度以内,桩端阻力将随着压入硬土内深度的增加而增大。下卧为软土时,在临界厚度以内,桩端阻力将随着压入硬土内深度的增加而减小。

一般将桩摩阻力自上而下分为 3 个区:上部柱穴区、中部滑移区、下部挤压区。施工中,因接桩或其他因素的影响而暂停压桩的间歇时间的长短,虽对继续下沉的桩尖阻力无明显影响,但对桩侧摩阻力的增加影响较大,桩侧摩阻力的增大值与间歇时间的长短成正比,并与地基土层特性有关。因此,在静压法沉桩中,应合理设计接桩的结构和位置,避免将桩尖停留在硬土层中进行接桩施工。

8.5.2　静压桩的施工

静压桩首先要预制,然后是沉桩。其工序为:测量定位→桩基就位→吊桩喂桩→桩身对中调直→开机压桩→接桩→再压桩→终止压桩→切掉多余桩头。

1. 静力沉桩

首先试压,具体的操作步骤如下:①对照该工程的地质勘察报告总平面图及该工程的桩位布置图,选择离勘察孔较近的工程桩为试压桩(因这里的地质状况最为明确,每种类型及截面的桩不少于 2 根),以便进行数据对比;

②用粉笔或红油漆间隔 25～50 cm 做一刻度标记；③制作记录表格，试压时，数据的收集应有 3 人共同作业，其中，1 人观测报读桩的入土深度，1 人报读压桩机油压表读数，1 人记录；④分析判断后，选择合适的沉桩深度，确定最终桩力为 260 kN。

施加在桩上的压力主要靠操作台上的压力表来反映。在压桩过程中认真观察和记录桩的入土深度与压力表读数的关系，以判断桩的质量及承载力。如果遇到压力表读数突然上升或下降的情况，要停机对照地质资料进行分析，判断是否遇到障碍物或已断桩等，或拔出该桩，重新核准；当超过 1 个行程时则继续下压，在压桩记录中标明偏位尺寸，会同设计人员做出处理。当操作台上压力表读数到达预先规定值时，停止压桩。

2. 接桩、送桩及断桩

当前一节桩压到露出地面 20～30 cm 时，接另一节桩，采用法兰连接。

分段接桩，尽可能采用 2 段接桩，不应多于 3 段。避免桩尖接近或处于硬持力层中接桩，接头放置在非液化土层中。

如果桩头接近地面，而压桩力尚未达到规定值，估计送桩深度不会超过设计允许值时，可以送桩。在静力压桩施工中，应该用专用送桩器，并使送桩工具的中心线与桩身中心线相一致，利用水准仪按送桩器上设置标尺控制送桩深度，当达到设计标高时，记录其最后压桩压力值，拔出送桩器。控制桩顶标高时，在送桩器的标尺处理上适当标志，便于观察。如果桩头高出地面一段距离而压桩荷载已达到规定压桩值时，则要裁桩。

第9章 工程现象及结果分析

9.1 工程现象

9.1.1 静压钢管桩承载力-深度变化曲线

压桩过程中,通过现场测试,绘制出静压钢管桩在荷载作用下随深度变化的承载力,通过 MATLAB 进行曲线拟合,得出承载力-深度曲线,如图 9-1～图 9-3 所示。

9.1.2 静压钢管桩承载力-深度变化曲线分析

(1)不同位置、不同编号的钢管桩在达到极限承载力时的深度各不相同,最大深度达到 17 m 左右,最小只有 4 m。

(2)不同位置、不同编号的钢管桩的 F-S 曲线各不相同,互不重合。但是曲线的形状大概有 3 种,分别为:①随 S 加深,F 增大,直到 F 达到极限承载力;②随 S 加深,F 先上升,再下降,然后上升,即曲线出现一个峰值;③随 S 加深,F 先上升,再下降,接着上升,再下降,最后又上升,即形成两个峰值。

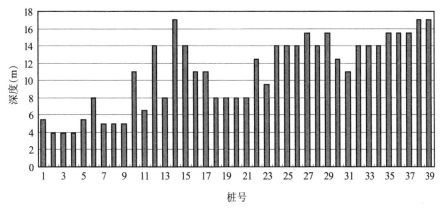

图 9-1 极限承载力时钢管桩的深度对比图

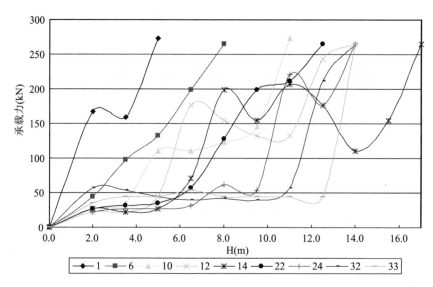

图 9-2 F-S 曲线 1

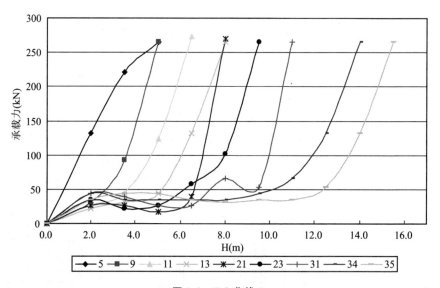

图 9-3 F-S 曲线 2

（3）不同位置、不同编号的钢管桩 F-S 曲线的斜率各不相同，即 F 随 S 变化的速率各不相同。

（4）不同位置、不同编号的钢管桩 F-S 曲线出现拐点（即峰值）的位置各不相同。

9.1.3　原因分析

1. 静压钢管桩承载力状态分析

在压桩过程中,静压钢管桩受力状态如图 9-4 所示。钢管桩极限承载力由 3 部分组成:

$$F = F_N + f_1 + f_2 \qquad (9.1.1)$$

式中:F 为桩的极限承载力(kN);F_N 为开口桩的桩壁承载力(kN);f_1 为桩的外周摩擦力(kN);f_2 为开口桩内部堵塞的土所产生的摩擦力(kN)。

随着深度的增大,钢管桩与土体接触面积增大,摩擦力增大,桩端反力会随地质变化而变化。当地质层变软时,桩端反力会变小,变化幅度较大时,其变化为随深度增加承载力减小。

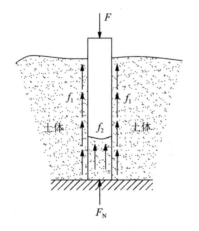

图 9-4　桩受力状态

2. 静压钢管桩承载力-深度曲线产生差异原因分析

(1)地质引起。各个桩位置不同,地质状况不相同,地基性质存在差异,因而 F 随 S 变化的曲线也不相同。引起这种地质的差异有两个方面:一是地质层性质决定,有可能同一深度处是两种不同的地质层,当然会引起承载力的差异,因而桩承载力的拐点各不相同;二是地质层地基材料性质决定的,有可能同一深度处于同一地质层,但地质层中地基材料的性质存在差异,如摩擦系数不同等,也会引起承载力的差异。因而桩承载力变化速率各不相同。

(2)钢管桩的翘曲。压桩引起土体发生水平位移,挤压已打入地基中的桩,使之产生桩位偏移和桩身翘曲。钢管桩也存在失稳问题,翘曲会引起失稳,所以承载力会有所下降,但同时由于受周围土体约束,增加了钢管桩的刚性,承载力又会增大,相互抵消后,F-S曲线出现拐点。出现拐点的位置则与钢管桩的尺寸性质、周围土地性质有关。

(3)土体强度变化。压桩过程中,对土体的扰动及随之产生的超静孔压在施工后一段时间内的消散对土体的强度有很大影响,而土体强度的变化直接关系到桩的极限承载力。当钢管桩与周围土体摩擦力达到最大时,桩端阻力迅速增大,桩端土层会产生塑性变形,并产生塑性挤出,桩由于位移迅速增大而产生破坏,承载力也将会大大降低。

9.2　代数插值

静压钢管桩承载力-深度变化曲线的形状大概分为 3 类:①随 S 加深,F 增大,直到 F 达到极限承载力(如 6♯桩);②随 S 加深,F 先上升,再下降,然后上升,即曲线出现一个峰值(如 12♯桩);③随 S 加深,F 先上升,再下降,接着上升,再下降,最后又上升,即形成两个峰值(如 14♯桩)。下面分别根据 6♯桩、12♯桩和 14♯桩的数据分段计算出 Newton 插值多项式。

9.2.1　6♯桩插值

6♯桩的实测数据如表 9-1 所示。

表 9-1　6♯桩的实测数据

深度 x(m)	0	2	3.5	5	6.5	8
承载力 y(kN)	0	44	97	132	199	265

分段求得 Newton 插值多项式:

$$y=\begin{cases} -1.562x^3+12.399x^2+3.449x & (0{\leqslant}x{\leqslant}5.0) \\ -0.222x^2+47.22x-98.55 & (5.0{\leqslant}x{\leqslant}8.0) \end{cases}$$

9.2.2　12♯桩插值

12♯桩的实测数据如表 9-2 所示。

表 9-2　12♯桩的实测数据

深度 x(m)	0	2	3.5	5	6.5
承载力 y(kN)	0	22	22	44	177
深度 x(m)	8	9.5	11	12.5	14
承载力 y(kN)	155	132	132	243	265

分段求得 Newton 插值多项式：

$$y=\begin{cases} 1.606x^3-11.978x^2+28.531x & (0\leqslant x\leqslant5.0) \\ 7.605x^3-182.742x^2+1431.596x-3496.065 & (5.0\leqslant x\leqslant9.5) \\ -9.877x^3+350.608x^2-4068.802x+15\,611.533 & (9.5\leqslant x\leqslant14.0) \end{cases}$$

9.2.3　14♯桩插值

14♯桩的实测数据如表 9-3 所示。

表 9-3　14♯桩的实测数据

深度 x(m)	0	2	3.5	5	6.5	8
承载力 y(kN)	0	26	22	26	71	199
深度 x(m)	9.5	11	12.5	14	15.5	17
承载力 y(kN)	155	208	177	110	155	265

分段求得 Newton 插值多项式：

$$y=\begin{cases} 1.251x^3-11.357x^2+30.709x & (0\leqslant x\leqslant5.0) \\ -12.592x^3+263.988x^2-1749.81x+3749.35 & (5.0\leqslant x\leqslant9.5) \\ 2.37x^3-96.877x^2+1272.984x-5227.178 & (9.5\leqslant x\leqslant14.0) \\ 14.444x^2-396.098x+2824.348 & (14.0\leqslant x\leqslant17.0) \end{cases}$$

第 10 章 理论分析

10.1 单桩竖向极限承载力标准值

单桩竖向极限承载力是指单桩在竖向荷载作用下到达破坏或出现不适于继续承载的变形(承载力极限状态)时所对应的荷载值,按本节方法确定时,其值只考虑了土(岩)对桩的支撑阻力,而尚未涉及桩身的材料强度。

10.1.1 确定单桩竖向极限承载力标准值的方法

(1)一级建筑桩基应采用现场静载荷试验,并结合静力触探、标准贯入等原位测试方法综合确定。

(2)二级建筑桩基应根据静力触探、标准贯入、经验(参数)公式等估算,并参照地质条件相同的试桩资料,综合确定。当缺乏可参照的试桩资料或地质条件复杂时,应由现场静载荷试验确定。

(3)对三级建筑桩基,如无原位测试资料时,可利用承载力经验(参数)公式估算。

10.1.2 经验公式

根据土的物理指标与承载力参数之间的经验关系(见规范 JGJ94-2008 的条文说明),可建立如下单桩竖向极限承载力标准值的计算公式。

当桩径 $d < 0.8$ m 时:

$$Q_{uk} = Q_{sk} + Q_{pk} = u \sum q_{sik} l_i + \lambda_p q_{pk} A_p \tag{10.1.1}$$

$$当 h_b/d < 5 时, \lambda_p = 0.16 h_b/d \tag{10.1.2}$$

$$当 h_b/d \geqslant 5 时, \lambda_p = 0.8 \tag{10.1.3}$$

式中：q_{sik}为桩侧第 i 层土的极限侧阻力标准值，当无当地经验值时，按表 10-1 取值；q_{pk}为极限端阻力标准值，当无当地经验值时，按表 10-2 取值；λ_p 为桩端土塞效应系数，对于闭口钢管桩 $\lambda_p = 1$，对于敞口钢管桩按式 (10.1.2)、(10.1.3) 取值；h_b 为桩端进入持力层深度；d 为钢管桩外径。

表 10-1　桩的极限侧阻力标准值 q_{sik}（kPa）

土的名称	土的状态		混凝土预制桩	泥浆护壁钻（冲）孔桩	干作业钻孔桩
填土			22～30	20～28	20～28
淤泥			14～20	12～18	12～18
淤泥质土			22～30	20～28	20～28
黏性土	流塑	$I_L>1$	24～40	21～38	21～38
	软塑	$0.75<I_L\leqslant1$	40～55	38～53	38～53
	可塑	$0.50<I_L\leqslant0.75$	55～70	53～68	53～66
	硬可塑	$0.25<I_L\leqslant0.50$	70～86	68～84	66～82
	硬塑	$0<I_L\leqslant0.25$	86～98	84～96	82～94
	坚硬	$I_L\leqslant0$	98～105	96～102	94～104
红黏土	$0.7<a_w\leqslant1$		13～32	12～30	12～30
	$0.5<a_w\leqslant0.7$		32～74	30～70	30～70
粉土	稍密	$e>0.9$	26～46	24～42	24～42
	中密	$0.75\leqslant e\leqslant0.9$	46～66	42～62	42～62
	密实	$e<0.75$	66～88	62～82	62～82
粉细砂	稍密	$10<N\leqslant15$	24～48	22～46	22～46
	中密	$15<N\leqslant30$	48～66	46～64	46～64
	密实	$N>30$	66～88	64～86	64～86
中砂	中密	$15<N\leqslant30$	54～74	53～72	53～72
	密实	$N>30$	74～95	72～94	72～94
粗砂	中密	$15<N\leqslant30$	74～95	74～95	76～98
	密实	$N>30$	95～116	95～116	98～120

续表

土的名称	土的状态		混凝土预制桩	泥浆护壁钻（冲）孔桩	干作业钻孔桩
砾砂	稍密	$5<N_{63.5}\leqslant15$	70～110	50～90	60～100
	中密（密实）	$N_{63.5}>15$	116～138	116～130	112～130
圆砾、角砾	中密、密实	$N_{63.5}>10$	160～200	135～150	135～150
碎石、卵石	中密、密实	$N_{63.5}>10$	200～300	140～170	150～170
全风化软质岩		$30<N\leqslant50$	100～120	80～100	80～100
全风化硬质岩		$30<N\leqslant50$	140～160	120～140	120～150
强风化软质岩		$N_{63.5}>10$	160～240	140～200	140～220
强风化硬质岩		$N_{63.5}>10$	220～300	160～240	160～260

注：1. 对于尚未完成自重固结的填土和以生活垃圾为主的杂填土，不计算其侧阻力；

2. a_w 为含水比，$a_w=w/w_l$，w 为土的天然含水量，w_l 为土的液限；

3. N 为标准贯入击数；$N_{63.5}$ 为重型圆锥动力触探击数；

4. 全风化、强风化软质岩和全风化、强风化硬质岩系指其母岩分别为 $f_{rk}\leqslant15$ MPa、$f_{rk}>30$ MPa 的岩石。

表 10-2　桩的极限端阻力标准值 q_{pk}（kPa）

土名称	桩型 土的状态		混凝土预制桩桩长 l（m）			
			$l\leqslant9$	$9<l\leqslant16$	$16<l\leqslant30$	$l>30$
黏性土	软塑	$0.75<I_L\leqslant1$	210～850	650～1400	1200～1800	1300～1900
	可塑	$0.50<I_L\leqslant0.75$	850～1700	1400～2200	1900～2800	2300～3600
	硬可塑	$0.25<I_L\leqslant0.50$	1500～2300	2300～3300	2700～3600	3600～4400
	硬塑	$0<I_L\leqslant0.25$	2500～3800	3800～5500	5500～6000	6000～6800
粉土	中密	$0.75\leqslant e\leqslant0.9$	950～1700	1400～2100	1900～2700	2500～3400
	密实	$e<0.75$	1500～2600	2100～3000	2700～3600	3600～4400
粉砂	稍密	$10<N\leqslant15$	1000～1600	1500～2300	1900～2700	2100～3000
	中密、密实	$N>15$	1400～2200	2100～3000	3000～4500	3800～5500
细砂	中密、密实	$N>15$	2500～4000	3600～5000	4400～6000	5300～7000
中砂			4000～6000	5500～7000	6500～8000	7500～9000
粗砂			5700～7500	7500～8500	8500～10 000	9500～11 000

土名称	土的状态	桩型	混凝土预制桩桩长 l(m)			
			$l\leqslant 9$	$9<l\leqslant 16$	$16<l\leqslant 30$	$l>30$
砾砂	中密、密实	$N>15$	6000～9500		9000～10 500	
角砾、圆砾		$N_{63.5}>10$	7000～10 000		9500～11 500	
碎石、卵石		$N_{63.5}>10$	8000～11 000		10 500～13 000	
全风化软质岩		$30<N\leqslant 50$	4000～6000			
全风化硬质岩		$30<N\leqslant 50$	5000～8000			
强风化软质岩		$N_{63.5}>10$	6000～9000			
强风化硬质岩		$N_{63.5}>10$	7000～11 000			

10.1.2　6♯、12♯、14♯桩的单桩竖向极限承载力标准值

本工程中,桩的直径 $d=165$ mm。

(1)6♯桩的参数分别通过查表得到:

$q_{s1k}=30$ kPa, $l_1=0.5$ m, $q_{s2k}=30$ kPa, $l_2=0.5$ m,

$q_{s3k}=70$ kPa, $l_3=7$ m, $q_{pk}=4000$ kPa。

6♯桩的单桩竖向极限承载力标准值为:

$$Q_{uk}=Q_{sk}+Q_{pk}$$
$$=u\sum q_{sik}l_i+\lambda_p q_{pk}A_p$$
$$=0.165\times 3.14\times(30\times 0.5+30\times 0.5+70\times 7)+0.8\times$$
$$4000\times 3.14\times\frac{0.165^2-0.156^2}{4}$$
$$=276.669\text{ kN}$$

(2)12♯桩的参数分别通过查表得到:

$q_{s1k}=30$ kPa, $l_1=1.5$ m, $q_{s2k}=30$ kPa, $l_2=3$ m,

$q_{s3k}=60$ kPa, $l_3=9.5$ m, $q_{pk}=5000$ kPa。

12#桩的单桩竖向极限承载力标准值为：

$$Q_{uk} = Q_{sk} + Q_{pk}$$

$$= u \sum q_{sik} l_i + \lambda_p q_{pk} A_p$$

$$= 0.165 \times 3.14 \times (30 \times 1.5 + 30 \times 3 + 60 \times 9.5) + 0.8 \times 5000 \times$$

$$3.14 \times \frac{0.165^2 - 0.156^2}{4}$$

$$= 374.332 \text{ kN}$$

(3)14#桩的参数分别通过查表得到：

$q_{s1k} = 30 \text{ kPa}, l_1 = 3.4 \text{ m}, q_{s2k} = 30 \text{ kPa}, l_2 = 8 \text{ m},$

$q_{s3k} = 70 \text{ kPa}, l_3 = 5.6 \text{ m}, q_{pk} = 6000 \text{ kPa}$。

14#桩的单桩竖向极限承载力标准值为：

$$Q_{uk} = Q_{sk} + Q_{pk}$$

$$= u \sum q_{sik} l_i + \lambda_p q_{pk} A_p$$

$$= 0.165 \times 3.14 \times (30 \times 3.4 + 30 \times 8 + 70 \times 5.6) + 0.8 \times$$

$$6000 \times 3.14 \times \frac{0.165^2 - 0.156^2}{4}$$

$$= 391.172 \text{ kN}$$

10.2 桩的屈曲临界荷载

10.2.1 桩的屈曲临界荷载计算公式

1. 桩的屈曲临界荷载

关于基桩的屈曲临界荷载的计算，根据规范 JGJ94-2008 中的 5.8.2～5.8.4 的规定：计算轴心受压混凝土桩正截面受压承载力时，一般取稳定系数 $\varphi = 1.0$。对于高承台基桩、桩身穿越可液化土或不排水抗剪强度小于 10 kPa 的软弱土层的基桩，应考虑压屈影响，可按本规范式(10.2.1)和式(10.2.2) 计算所得桩身正截面受压承载力乘以 φ 折减。其稳定系数 φ 可根据桩身压屈计算长度 l_c 和桩的设计直径 d(或矩形桩短边尺寸 b)确定。桩身压屈计算长度可根据桩顶的约束情况、桩身露出地面的自由长度 l_0、桩的入土长度 h 桩侧和桩底的土质条件应按表 10-3 确定。桩的稳定系数可按表 4-4 确定。桩的屈曲临界荷载计算公式如下：

$$P_{cr} = \varphi \psi_c f A_{ps} \qquad (10.2.1)$$

式中：P_{cr} 为桩的屈曲临界荷载；φ 为桩身稳定系数；ψ_c 为基桩成桩工艺系数，按下列规定取值：混凝土预制桩、预应力混凝土空心桩 $\psi_c = 0.85$，干作业非挤土灌注桩 $\psi_c = 0.90$，泥浆护壁和套管护壁非挤土灌注桩、部分挤土灌注桩、挤土灌注桩 $\psi_c = 0.7 \sim 0.8$，软土地区挤土灌注桩 $\psi_c = 0.6$；f 为钢材抗压强度设计值；A_{ps} 为桩身截面面积；

表 10-3　桩身压屈计算长度 l_c

桩顶铰接				桩顶固结			
桩底支于非岩石土中		桩底嵌于岩石内		桩底支于非岩石土中		桩底嵌于岩石内	
$h < \dfrac{4.0}{\alpha}$	$h \geqslant \dfrac{4.0}{\alpha}$	$h < \dfrac{4.0}{\alpha}$	$h \geqslant \dfrac{4.0}{\alpha}$	$h < \dfrac{4.0}{\alpha}$	$h \geqslant \dfrac{4.0}{\alpha}$	$h < \dfrac{4.0}{\alpha}$	$h \geqslant \dfrac{4.0}{\alpha}$
$l_c = 1.0 \times (l_o + h)$	$l_c = 0.7 \times \left(l_o + \dfrac{4.0}{\alpha}\right)$	$l_c = 0.7 \times (l_o + h)$	$l_c = 0.7 \times \left(l_o + \dfrac{4.0}{\alpha}\right)$	$l_c = 0.7 \times (l_o + h)$	$l_c = 0.5 \times \left(l_o + \dfrac{4.0}{\alpha}\right)$	$l_c = 0.5 \times (l_o + h)$	$l_c = 0.5 \times \left(l_o + \dfrac{4.0}{\alpha}\right)$

注：1. 表中 $\alpha = \sqrt[5]{\dfrac{mb_0}{EI}}$；

2. l_o 为高承台基桩露出地面的长度，对于低承台桩基，$l_o = 0$；

3. h 为桩的入土长度。

表 10-4　桩身稳定系数 φ

l_c/d	$\leqslant 7$	8.5	10.5	12	14	15.5	17	19	21	22.5	24
l_c/b	$\leqslant 8$	10	12	14	16	18	20	22	24	26	28
φ	1.00	0.98	0.95	0.92	0.87	0.81	0.75	0.70	0.65	0.60	0.56
l_c/d	26	28	29.5	31	33	34.5	36.5	38	40	41.5	43
l_c/b	30	32	34	36	38	40	42	44	46	48	50
φ	0.52	0.48	0.44	0.4	0.36	0.32	0.29	0.26	0.23	0.21	0.19

注：b 为矩形桩短边尺寸，d 为桩直径。

2. 桩的水平变形系数 $\alpha(1/m)$

$$\alpha = \sqrt[5]{\dfrac{mb_0}{EI}} \qquad (10.2.2)$$

式中：m 为桩侧土水平抗力系数的比例系数，按表 4-5 取值；b_0 为桩身的计算宽度(m),对于圆形桩:当直径 $d \leqslant 1$ m 时,$b_0 = 0.9(1.5d + 0.5)$,当直径 $d > 1$ m 时,$b_0 = 0.9(d + 1)$,对于方形桩:当边宽 $b \leqslant 1$ m 时,$b_0 = 1.5b + 0.5$,当边宽 $b > 1$ m 时,$b_0 = b + 1$;EI 为桩身抗弯刚度,$EI = 0.85E_cI_0$。

表 10-5　地基土水平抗力系数的比例系数 m 值

序号	地基土类别	预制桩、钢桩		灌注桩	
		m (MN/m⁴)	相应单桩在地面处水平位移(mm)	m (MN/m⁴)	相应单桩在地面处水平位移(mm)
1	淤泥;淤泥质土;饱和湿陷性黄土	2～4.5	10	2.5～6	6～12
2	流塑($I_L > 1$)、软塑($0.75 < I_L \leqslant 1$)状粘性土;$e > 0.9$ 粉土;松散粉细砂;松散、稍密填土	4.5～6.0	10	6～14	4～8
3	可塑($0.25 < I_L \leqslant 0.75$)状粘性土、湿陷性黄土;$e = 0.75～0.9$ 粉土;中密填土;稍密细砂	6.0～10	10	14～35	3～6
4	硬塑($0 < I_L \leqslant 0.25$)、坚硬($I_L \leqslant 0$)状粘性土、湿陷性黄土;$e < 0.75$ 粉土;中密的中粗砂;密实老填土	10～22	10	35～100	2～5
5	中密、密实的砾砂、碎石类土			100～300	1.5～3

3. 多层地基比例系数换算

我国现行规范均将各土层地基比例系数对深度进行加权换算,即令换算前后地基系数面积相等。当基础侧面为数种不同土层时,将地面或局部冲刷线以下 h_m 深度内各土层 m_i 换算为一个当量 m 值,作为整个深度的 m 值。根据换算前后地基系数图形面积在深度 h_m 内相等,可得:

$$\frac{1}{2}m_1h_1^2+\frac{m_2h_1+m_2(h_1+h_2)}{2}h_2+\frac{m_3(h_1+h_2)+m_3h_m}{2}h_3=\frac{mh_m^2}{2}$$

$$(10.2.3)$$

整理可得：

$$m=\frac{m_1h_1^2+m_2(2h_1+h_2)h_2+m_3(2h_1+2h_2+h_3)h_3}{h_m^2}\quad(10.2.4)$$

式中：$h_m=\begin{cases}2(d+1)&h>2.5/\alpha\\h&h\leqslant2.5/\alpha\end{cases}$。

10.2.2　稳定系数法计算桩的屈曲临界荷载

本工程中，桩顶铰接，桩底支于非岩石土中。

桩身的计算宽度 $b_0=0.9\times(1.5\times0.165+0.5)=0.673$ m。

钢管的弹性模量 $E=206\times10^3$ N/mm^2。

钢管的惯性矩 $I=\dfrac{\pi(D^4-D_1^4)}{64}=\dfrac{3.14\times(165^4-156^4)}{64}=7.308\times10^6$ mm^4。

桩身抗弯刚度 $EI=0.85EI=1279.631$ kN·m^2。

桩身露出地面的自由长度 $l_0=2.0$ m。

1. 6#桩的桩侧土水平抗力系数的比例系数

$$m=\frac{5\times0.5^2+4\times1.5\times0.5+7\times9\times7}{2.33^2}=82.015\text{ MN/m}^4$$

$l_0=2.0$ m，$h=8.0$ m，$h_m=2\times(0.165+1)=2.33$ m

6#桩的水平变形系数 $\alpha(1/m)$：

$$\alpha=\sqrt[5]{\frac{82\ 015\times0.673}{1279.631}}=2.123$$

$$h=8.0>4.0/\alpha=1.884\text{ m}$$

$$l_c=0.7\times(l_0+4.0/\alpha)=2.719\text{ m}$$

$$l_c/d=2.719/0.165=16.479$$

查表，得 $\varphi=0.771$，则可计算

$$P_{cr}=\varphi\psi_cfA_{ps}$$

$$=0.771\times0.85\times310\times3.14\times\frac{165^2-156^2}{4}$$

$$=460.736\text{ kN}$$

2. 12#桩的桩侧土水平抗力系数的比例系数

$$m=\frac{5\times1.5^2+4\times6\times3+7\times18.5\times9.5}{2.33^2}=241.946\text{ MN/m}^4$$

$l_0 = 2.0 \text{ m}, h = 14.0 \text{ m}, h_m = 2 \times (0.165 + 1) = 2.33 \text{ m}$

12#桩的水平变形系数 $\alpha(1/m)$:

$$\alpha = \sqrt[5]{\frac{241\,946 \times 0.673}{1279.631}} = 2.636$$

$$h = 14.0 > 4.0/\alpha = 1.517 \text{ m}$$

$$l_c = 0.7 \times (l_0 + 4.0/\alpha) = 2.462 \text{ m}$$

$$l_c/d = 2.462/0.165 = 14.921$$

查表,得 $\varphi = 0.833$,则可计算

$$P_{cr} = \varphi \psi_c f A_{ps}$$

$$= 0.833 \times 0.85 \times 310 \times 3.14 \times \frac{165^2 - 156^2}{4}$$

$$= 497.786 \text{ kN}$$

3. 14#桩的桩侧土水平抗力系数的比例系数

$$m = \frac{5 \times 3.4^2 + 4 \times 14.8 \times 8 + 7 \times 28.4 \times 5.6}{2.33^2} = 302.949 \text{ MN/m}^4$$

$l_0 = 2.0 \text{ m}, h = 17.0 \text{ m}, h_m = 2 \times (0.165 + 1) = 2.33 \text{ m}$

14#桩的水平变形系数 $\alpha(1/m)$:

$$\alpha = \sqrt[5]{\frac{302\,949 \times 0.673}{1279.631}} = 2.757$$

$$h = 17.0 > 4.0/\alpha = 1.451$$

$$l_c = 0.7 \times (l_0 + 4.0/\alpha) = 2.416 \text{ m}$$

$$l_c/d = 2.416/0.165 = 14.642$$

查表,得 $\varphi = 0.844$,则可计算

$$P_{cr} = \varphi \psi_c f A_{ps}$$

$$= 0.844 \times 0.85 \times 310 \times 3.14 \times \frac{165^2 - 156^2}{4}$$

$$= 504.360 \text{ kN}$$

10.3 级数计算桩的屈曲临界荷载

如图 10-1 所示,杆失稳时,对应微小弯曲变形,土对杆有抗力。利用温克尔假定,认为土体的侧向抗力集度与桩基的挠度成正比,即 $q_x = Ky$(k 为比例系数,$K = 2rK_0$,r 为桩半径,K_0 为桩侧基础系数)。

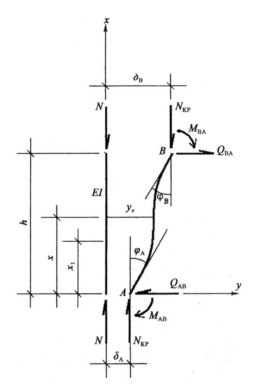

图 10-1　桩基变形图

设变形为：

$$y_x = \frac{h-x}{h}\delta_A + \frac{x}{h}\delta_B + \sum_{n=1}^{\infty} a_n \sin\frac{n\pi x}{h}$$

y_x 式导得：

$$y_x = \frac{h-x}{h}\delta_A + \frac{x}{h}\delta_B +$$

$$\sum_{n=1}^{\infty} \frac{2h^2[M_{AB}+(-1)^n M_{BA}]-\frac{2h^3}{n\pi}\int_0^h q_{x1}\,d_{x1}\sin\frac{n\pi x_1}{h}}{EI n\pi^3(n^2-\lambda)}\sin\frac{n\pi x}{h}$$

由此导得：

$$\varphi_A = \frac{\delta_B-\delta_A}{h} + \sum_{n=1}^{\infty} \frac{2h[M_{AB}+(-1)^n M_{BA}]}{EI\pi^2(n^2-\lambda)} + \varphi_A^P,\lambda=\frac{Nh^2}{EI\pi^2}$$

$$(10.3.1)$$

$$\varphi_B = \frac{\delta_B-\delta_A}{h} + \sum_{n=1}^{\infty} (-1)^n \frac{2h[M_{AB}+(-1)^n M_{BA}]}{EI\pi^2(n^2-\lambda)} + \varphi_B^P$$

$$(10.3.2)$$

$$M_{AB} = \frac{\frac{EI\pi^2}{8h}(\varphi_A + \varphi_B - 2\beta_{AB})}{\sum\limits_{n=2'}^{\infty} \frac{1}{n^2 - \lambda}} + \frac{\frac{EI\pi^2}{8h}(\varphi_A - \varphi_B)}{\sum\limits_{n=1'}^{\infty} \frac{1}{n^2 - \lambda}} + M_{AB}^P , \beta_{AB} = \frac{\delta_B - \delta_A}{h}$$

$$(10.3.3)$$

$$M_{BA} = \frac{\frac{EI\pi^2}{8h}(\varphi_A + \varphi_B - 2\beta_{AB})}{\sum\limits_{n=2'}^{\infty} \frac{1}{n^2 - \lambda}} + \frac{\frac{EI\pi^2}{8h}(\varphi_A - \varphi_B)}{\sum\limits_{n=1'}^{\infty} \frac{1}{n^2 - \lambda}} + M_{BA}^P$$

$$(10.3.4)$$

$$Q_{AB} = -N\beta_{AB} - \frac{\frac{EI\pi^2}{4h^2}(\varphi_A + \varphi_B - 2\beta_{AB})}{\sum\limits_{n=2'}^{\infty} \frac{1}{n^2 - \lambda}} + Q_{AB}^P \qquad (10.3.5)$$

$$Q_{BA} = -N\beta_{AB} - \frac{\frac{EI\pi^2}{4h^2}(\varphi_A + \varphi_B - 2\beta_{AB})}{\sum\limits_{n=2'}^{\infty} \frac{1}{n^2 - \lambda}} + Q_{BA}^P \qquad (10.3.6)$$

式中：φ_{AB}^P，φ_{BA}^P，M_{AB}^P，M_{BA}^P，Q_{AB}^P，Q_{BA}^P为杆上荷载对杆端产生的转角、弯矩、剪力；$1'$为只取单级数（如 $1,3,5\cdots\cdots$）；$2'$为只取双级数（如 $2,4,6\cdots\cdots$）；1为单双级数均取（如 $1,2,3\cdots\cdots$）。

杆稳定方程式为 φ_A，φ_B，δ_A，δ_B 的系数行列式等于零，即

$$D = 0$$

在 D 计算中，D 与杆上荷载对杆端产生的转角、弯矩、剪力项无关，即 φ_{AB}^P、M_{AB}^P、Q_{AB}^P 等不需计算。

本工程钢管混凝土桩的桩底铰支，桩顶为定向支座（图 10-2），$\varphi_B = 0$，$Q_{BA} = 0$，A 端铰支，$\delta_A = 0$，$M_{BA} = 0$，求杆临界力 N_{KP} 的计算过程如下：

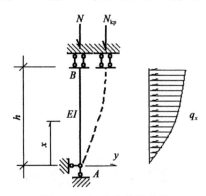

图 10-2　桩基的计算简图

由式(10.3.3)知：

$$M_{AB} = \frac{\dfrac{EI\pi^2}{8h}\left(\varphi_A - \dfrac{2\delta_B}{h}\right)}{\sum\limits_{n=2'}^{\infty}\dfrac{1}{n^2-\lambda}} + \frac{\dfrac{EI\pi^2}{8h}(\varphi_A)}{\sum\limits_{n=1'}^{\infty}\dfrac{1}{n^2-\lambda}} + M_{AB}^P = 0 \quad (10.3.7)$$

由式(10.3.6)知：

$$Q_{BA} = -N\frac{\delta_B}{h} - \frac{\dfrac{EI\pi^2}{4h^2}\left(\varphi_A - 2\dfrac{\delta_B}{h}\right)}{\sum\limits_{n=2'}^{\infty}\dfrac{1}{n^2-\lambda}} + Q_{BA}^P \quad (10.3.8)$$

由式(10.3.7)和(10.3.8)φ_A、δ_B 的系数行列式为零，同时 n 取一项，稳定方程为

$$D(\lambda) = \begin{vmatrix} \dfrac{EI\pi^2}{8h}(4-\lambda) + \dfrac{EI\pi^2}{8h}(1-\lambda) & -\dfrac{EI\pi^2}{8h}\dfrac{2}{h}(4-\lambda) \\[3mm] -\dfrac{EI\pi^2}{4h}(4-\lambda) & -\dfrac{N}{h} + \dfrac{EI\pi^2}{4h^2}\dfrac{2}{h}(4-\lambda) \end{vmatrix} = 0$$

由 $\dfrac{N}{\lambda} = \dfrac{EI\pi^2}{h^2}$，上式改为：

$$\begin{vmatrix} \dfrac{h}{8}\dfrac{N}{\lambda}(5-2\lambda) & -\dfrac{1}{4}\dfrac{N}{\lambda}(4-\lambda) \\[3mm] -\dfrac{N}{4\lambda}(4-\lambda) & -\dfrac{N}{h} + \dfrac{1}{2h}\dfrac{N}{\lambda}(4-\lambda) \end{vmatrix} = 0$$

约去 $\dfrac{N}{\lambda}$，上式展开得 $5\lambda^2 - 15\lambda + 4 = 0$，$\lambda_1 = 2.7$，$\lambda_2 = 0.3$，且

$$N_{KP} = \frac{0.3EI\pi^2}{h^2}\text{（近似值）}$$

稳定方程为：

$$D(\lambda) = \begin{vmatrix} \dfrac{\dfrac{EI\pi^2}{8h}}{\sum\limits_{n=2'}^{\infty}\dfrac{1}{n^2-\lambda}} + \dfrac{\dfrac{EI\pi^2}{8h}}{\sum\limits_{n=1'}^{\infty}\dfrac{1}{n^2-\lambda}} & -\dfrac{\dfrac{EI\pi^2}{8h}\dfrac{2}{h}}{\sum\limits_{n=2'}^{\infty}\dfrac{1}{n^2-\lambda}} \\[6mm] \dfrac{\dfrac{EI\pi^2}{4h^2}}{\sum\limits_{n=2'}^{\infty}\dfrac{1}{n^2-\lambda}} & -\dfrac{N}{h} + \dfrac{\dfrac{EI\pi^2}{4h^2}\dfrac{2}{h}}{\sum\limits_{n=2'}^{\infty}\dfrac{1}{n^2-\lambda}} \end{vmatrix} = 0$$

由 $\dfrac{N}{\lambda} = \dfrac{EI\pi^2}{h^2}$，并约去 $\dfrac{N}{\lambda}$，得：

$$D(\lambda) = \begin{vmatrix} \dfrac{\dfrac{h}{8}}{\displaystyle\sum_{n=2'}^{\infty}\dfrac{1}{n^2-\lambda}} + \dfrac{\dfrac{h}{8}}{\displaystyle\sum_{n=1'}^{\infty}\dfrac{1}{n^2-\lambda}} & -\dfrac{\dfrac{1}{4}}{\displaystyle\sum_{n=2'}^{\infty}\dfrac{1}{n^2-\lambda}} \\[4ex] \dfrac{\dfrac{1}{4}}{\displaystyle\sum_{n=2'}^{\infty}\dfrac{1}{n^2-\lambda}} & -\dfrac{\lambda}{h} + \dfrac{\dfrac{1}{2h}}{\displaystyle\sum_{n=2'}^{\infty}\dfrac{1}{n^2-\lambda}} \end{vmatrix} = 0$$

设 $\lambda=0.3$，α_1、α_2、α 表查得：

$$\sum_{n=2'}^{\infty}\frac{1}{n^2-\lambda} = 0.433\,06, \quad \sum_{n=1'}^{\infty}\frac{1}{n^2-\lambda} = 1.6668$$

代入 $D(\lambda)$ 式，求得 $D(\lambda)=-0.0221$。

设 $\lambda=0.2$，α_1、α_2、α 表查得：

$$\sum_{n=2'}^{\infty}\frac{1}{n^2-\lambda} = 0.425\,43, \sum_{n=1'}^{\infty}\frac{1}{n^2-\lambda} = 1.486\,70$$

代入 $D(\lambda)$ 式，求得 $D(\lambda)=0.0235$。

按直线比例求 λ。如图 10-3，由三角形相似知 $\lambda=0.253$。

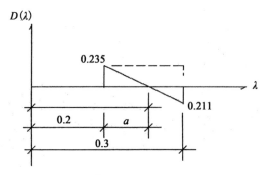

图 10-3　$D(\lambda)$ 图

取 $\lambda=0.25$，由表查得：

$$\sum_{n=2'}^{\infty}\frac{1}{n^2-\lambda} = 0.429\,20, \sum_{n=1'}^{\infty}\frac{1}{n^2-\lambda} = 1.5708$$

代入 $D(\lambda)$ 式，知求得 $D(\lambda)=0$，$\lambda=0.25$ 即为所求值。

$$N_{KP} = \frac{0.25EI\pi^2}{h^2}$$

根据上式，求得：

6#桩，$h=0.7\times(l_0+4.0/\alpha)=2.719$ m，$N_{KP}=426.644$ kN

12#桩，$h=0.7\times(l_0+4.0/\alpha)=2.462$ m，$N_{KP}=520.365$ kN

14#桩，$h=0.7\times(l_0+4.0/\alpha)=2.416$ m，$N_{KP}=540.369$ kN

10.4　两种理论计算值的比较

将理论计算结果与压桩过程中的实测值汇总如表 10-6 所示。

表 10-6　结果对比表

桩号	桩长 (m)	实际到位值(kN)	单桩竖向极限承载力(kN)	屈曲临界荷载(kN)		两种算法的误差
				稳定系数法	级数法	
6	8	265	276.669	460.736	426.644	7.40%
12	14	265	374.332	497.786	520.365	4.54%
14	17	265	391.172	504.360	540.369	7.14%

以上表中的计算结果是按钢管桩进行计算的。当通过控制系统将反力钢管桩下压到设计控制值(265 kN)时,停止压桩,往钢管内浇筑 C25 号混凝土,形成钢管混凝土桩。其中的混凝土部分是作为承载力的储备,因此计算结果偏于安全。

从表 10-6 中可以得出以下结论。

(1)本工程的地质勘察结果显示有淤泥质粉质粘土层,呈软塑-流塑状态,桩的屈曲临界荷载也远大于单桩竖向极限承载力,本工程的钢管混凝土桩的承载力是由单桩竖向极限承载力决定的。

(2)本工程中,钢管桩在一定长度范围内,其屈曲临界荷载对桩长的反应不灵敏。

(3)级数法与稳定系数法计算屈曲临界荷载的结果误差为 4.5%～7.4%。

第 11 章　ANSYS 有限元模拟分析

11.1　有限单元法简介

有限单元法的基本思想可以概括为将连续的求解区域离散为一组有限个且按一定方式相互联结在一起的单元,单元之间仅靠结点连结。在选好各单元内部位移和结点位移之间的关系后,依此对每个单元进行力学分析,然后根据各个结点力的平衡再把各个离散的单元"组集"在一起而形成总体代数方程组,再引入位移边界条件,求解方程,即可得到方程组的解,进而可求得各单元的应变和应力。

有限元分析是随着计算机技术的发展而迅速发展起来的一种现代数值分析方法。它是 20 世纪 50 年代首先在连续力学领域,如飞机结构静、动态特性分析中应用的一种非常有效的数值分析方法,随后很快就广泛地应用于热传导、电磁场、流体力学等连续性问题求解。它将各种模型切片划分成为网格,这些网格习惯上称为单元。网格间相互连接的交点成为节点。网格和网格的交线称为边界。模型上节点总数是有限的,单元数(网格数)也是有限的,因此成为"有限元法"。这就是"有限元"一词的由来。

结构工程中的微分方程包括平衡方程、物理方程、几何方程以及边界条件,所要求的基本未知量就是位移场。位移满足上述条件的解就是结构的解。在数学上对总势能进行变分,得到虚功原理,这是有限元出现的一种表现形式。虚功原理可以表述为弹性体在给定的体积力和边界处的表面力条件下处于平衡状态时,如果让物体产生偏离这个状态的任意微小可能位移时,其应变能增量等于外力势能增量。虚功原理也可以表述为外力在虚位移上做的功等于应力在虚位移引起的虚应变上所做的功。

采用有限元把结构分成很多个小片,这些小片之间仅通过节点相连,称之为单元,然后在这些单元上进行插值。单元上任何一点的位移都可以用其节点的插值函数表示,这样单元上就形成位移场,用这种位移场来代替它实际的位移场,这就避免了李兹法找可能位移函数的难度,并且形函数简单而且便于计算,单元的大小能控制求解的精度,因其诸多优点而得到了广泛的应用。节点的位移成了整个结构求解的未知数,所有的节点所产生的位移在单元上所做的功如果等于所有的外力(面力、体力等)在节点位移形成的虚位移上所做的功,那么这些节点的位移就是真实的位移。节点的位移引起单元的应力所做的功与单元的刚度相关,单元的刚度表现为单元的吸能能力,亦是单元上的应力在应变上所做的功,其与位移场相关。在求得了节点的位移之后,单元上的位移场就成为已知,单元内部任何一点的未知量都可以通过节点位移求出。

11.2　有限元分析模型的确定

ANSYS 是由 John Swanson 博士于 1970 年创建的强大的有限元软件。该软件主要包括 3 个部分:前处理模块、分析计算模块、后处理模块。前处理模块提供了一个强大的实体建模及网络划分工具,用户可以方便地构造有限员模型;分析计算模块包括结构、流体动力学、电磁场、声场以及多物理场的耦合分析;后处理模块可将计算结果以彩色等值线显示、梯度显示、矢量显示、粒子流迹显示等多种图形方式显示出来,也可以将计算结果以表、曲线形式显示或输出。

ANSYS 具有很多优点,它实现了前后处理、求解及多场分析统一数据库的一体化大型 FEA 软件;具有强大的非线性分析功能;多种求解器分别适用不同的问题及不同的硬件配置;具有多种自动网络划分技术;可与大多数的 CAD 软件集成并有接口,利用 ANSYS 提供的数据接口,可精确地将在 CAD 系统下生成的几何数据传入 ANSYS 中,并对其划分网络求解,非常方便。

历经 50 年的不断发展和完善,ANSYS 已成为全球最受欢迎的有限元分析软件。ANSYS 所具有的强大功能,使得它成为解决现代工程学问题必不可少的分析软件。ANSYS 软件是第一个通过 ISO9001 国际质量认证的大型有限元分析设计软件。

目前对桩的分析采用两种不同的方法,所以采用的单元类型各有不同。

1. 对于接触分析模型

若对桩土间的作用进行接触分析,则分析中采用的相关单元如下。

(1)桩身和土体都采用六面体 8 节点单元 solid45 号实体单元,每个节点具有 X、Y、Z 三个方向的自由度,具有塑性、膨胀、潜变、应力强化、大变形和大应变的能力。桩的本构模型为线弹性,土体的本构模型为 D-P 材料。

(2)接触面上的刚体目标面为 Targe170 单元,接触面为 CONTA173 单元。

2. 对于文克勒模型

若对桩土间的作用以弹簧模型来模拟,则相关单元的选取如下。

(1)桩身采用六面体 8 节点单元 solid45 号实体单元。

(2)桩土间的作用力用弹簧单元来模拟,采用 COMBIN14 单元。COMBIN14 单元可应用于一维、二维、三维空间纵向或扭转的弹性-阻尼效果。当作为纵向弹簧-阻尼时,承受单轴的拉伸或压缩,每个节点有 X、Y、Z 三个方向的自由度,没有弯矩和扭转;当作为扭转弹簧-阻尼时,承受纯扭转作用,每个节点具有 X、Y、Z 角度旋转方向的自由度,不涉及弯曲及轴向荷载。

(3)对于桩周表面的正、负摩擦力,采用表面效应单元 SURF154 来模拟。SURF154 是三维结构表面效应单元,可以根据实际需要,在三维实体单元的面上施加均布的法向和非法向荷载,它的前提是实体单元的自由面必须存在。

本次有限元分析中,采用的是文克勒模型,用弹簧单元来模拟土体对桩的径向挤压力和竖向摩擦力。同时采用 SHELL63 单元来模拟钢管部分,不考虑钢管与混凝土之间的相对滑移。

11.3　单元的选取

本书 ANSYS 有限元分析时各单元的选取情况见表 11-1。

表 11-1　有限元分析时各单元的选取情况

单元	选取模拟类型	特点
钢管单元	SHELL63 单元	SHELL63 既具有弯曲能力,又具有膜力,可以承受平面内荷载和法向荷载。本单元每个节点具有 6 个自由度:沿节点坐标系 X、Y、Z 方向的平动和沿节点坐标系 X、Y、Z 轴的转动。应力刚化和大变形能力已经考虑在其中。在大变形分析(有限转动)中可以采用不变的切向刚度矩阵

单元	选取模拟类型	特点
桩土作用力单元	COMBIN14 单元	COMBIN14 单元可应用于一维、二维、三维空间纵向或扭转的弹性-阻尼效果。当作为纵向弹簧-阻尼时,承受单轴的拉伸或压缩,每个节点有 X、Y、Z 三个方向的自由度,没有弯矩和扭转;当作为扭转弹簧-阻尼时,承受纯扭转作用,每个节点具有 X、Y、Z 角度旋转方向的自由度,不涉及弯曲及轴向荷载

11.4　ANSYS 模拟分析

ANSYS 有限元软件分析钢管混凝土桩基的步骤分为 3 步,简单描述如下:前处理(包括创建模型、定义材料属性、定义单元类型、定义实常数、剖分单元)→施加荷载及求解(包括选择分析类型、施加约束条件、施加荷载、设置求解控制、求解计算)→查看及处理分析结果(包括查看分析结果、检验结果的正确性与合理性、处理分析结果)。

本章分别对 6♯桩、12♯桩、14♯桩进行 ANSYS 模拟分析,分析结果如下。

1. 6♯桩

由 ANSYS 模拟分析,计算得出 6♯桩的临界荷载 $P_{cr}=487.965$ kN。将 $P_{cr}=487.965$ kN 加载到桩顶中心位置,此时沉降为 2.404 mm,最大压应力为 115.374 MPa。如图 11-1、图 11-2 所示。

2. 12♯桩

由 ANSYS 模拟分析,计算得出 12♯桩的临界荷载 $P_{cr}=539.301$ kN。将 $P_{cr}=539.3017$ kN 加载到桩顶中心位置,此时沉降为 3.276 mm,最大压应力为 134.989 MPa。如图 11-3、图 11-4 所示。

3. 14♯桩

由 ANSYS 模拟分析,计算得出 14♯桩的临界荷载 $P_{cr}=543.851$ kN。将 $P_{cr}=543.851$ kN 加载到桩顶中心位置,此时沉降为 3.226 mm,最大压应力为 131.881 MPa。如图 11-5、图 11-6 所示。

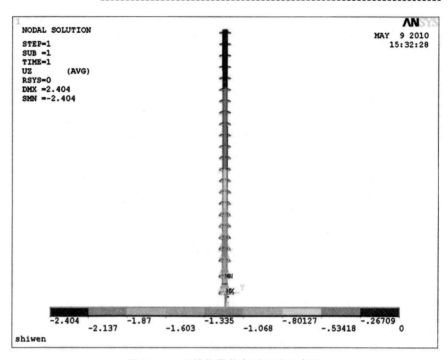

图 11-1　6#桩临界状态时沉陷示意图

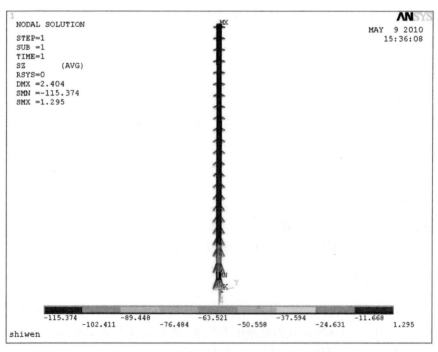

图 11-2　6#桩临界状态时轴向应力分布图

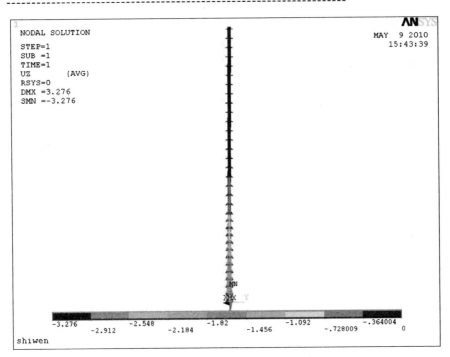

图 11-3　12♯桩临界状态时沉陷示意图

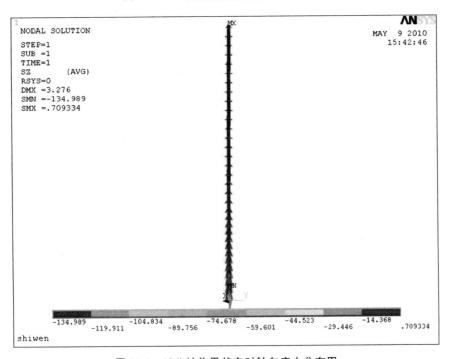

图 11-4　12♯桩临界状态时轴向应力分布图

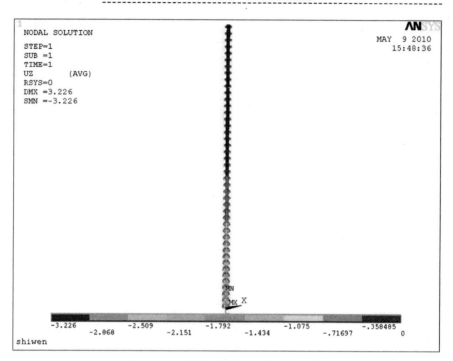

图 11-5　14#桩临界状态时沉陷示意图

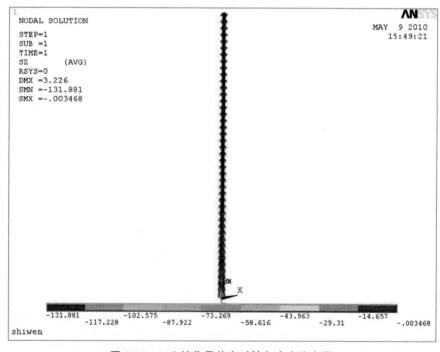

图 11-6　14#桩临界状态时轴向应力分布图

11.5　ANSYS 值与理论计算值对比

为了直观地描述临界荷载 ANSYS 计算值与理论计算值的偏差,现将两种结果的临界荷载进行比较,具体见表 11-2。

表 11-2　ANSYS 计算值与理论计算值对比表

桩号	桩长 (m)	单桩竖向极限承载力(kN)	屈曲临界荷载(kN)			有限元值/ 稳定系数法
			稳定系数法	级数法	ANSYS 值	
6	8	276.669	460.736	426.644	487.965	1.059
12	14	374.332	497.786	520.365	539.301	1.083
14	17	391.172	504.360	540.369	543.851	1.078

由表 11-2 可以得出以下结论。

(1)ANSYS 有限元模拟分析的临界荷载值相比理论计算值偏高,但它与理论计算值在趋向上是一致的。

(2)ANSYS 有限元模拟分析的计算值再次证明本工程中桩的屈曲临界荷载大于竖向极限承载力,本工程中桩的承载力是由单桩竖向极限承载力决定的。

第 12 章 钢管混凝土桩的研究结论与展望

12.1 结论

本书根据广西壮族自治区贺州市望高镇真武关岳庙的工程实践,对该项目的钢管混凝土桩的稳定性进行研究。望高镇真武关岳庙项目中通过千斤顶利用结构物自重提供反力将钢管桩压入土层,通过控制系统将反力钢管桩下压到设计控制值(265 kN)时,停止压桩。压桩过程中,通过现场测试,绘制出静压钢管桩在荷载作用下随深度变化的承载力,通过 MATLAB 进行曲线拟合,得出承载力-深度曲线。

本书对所得的 39 根钢管桩的承载力-深度曲线进行分析比较,选出具有代表性的 3 根桩(6♯、12♯、14♯),根据测得的数据分段计算出 Newton 插值多项式,然后分别对 3 根桩(6♯、12♯、14♯)进行理论分析,根据现行规范计算出单桩竖向极限承载力和屈曲临界荷载,又使用级数法计算屈曲临界荷载,进行比较确定影响桩屈曲稳定的因素,最后又通过 ANSYS 有限元软件对钢管桩的压弯性能进行了模拟分析。归纳本书研究的结果,可以得出以下结论。

(1)虽然本工程的地质勘察结果显示有淤泥质粉质粘土层,呈软塑-流塑状态,但是桩的屈曲临界荷载仍然远大于单桩竖向极限承载力,本工程的钢管桩的承载力是由单桩竖向极限承载力决定的。

(2)本工程中,钢管桩在一定长度范围内,其屈曲临界荷载对桩长的反应不灵敏。

(3)级数法与稳定系数法计算屈曲临界荷载的结果误差为 4.5%~7.4%。

(4)ANSYS 对钢管桩的模拟受多种因素的影响,最后的临界荷载比稳定系数法计算值偏高,偏差在 5.9%~8.3%,但它与稳定系数法和级数法计算值在趋向上是一致的,因此它在一定程度上证明了本书推导的理论计算公式的准确性,也说明了 ANSYS 有限元程序对工程实践进行数值模拟的可行性。

12.2　展望

因水平和研究时间有限,加之桩土体系作用关系的复杂性,作者认为在该研究领域还存在以下几方面值得进一步扩充和深入。

(1)本书研究目前尚局限于单桩,所考虑的截面形式为圆形,而实际工程中,桩基一般采用群桩并设置联系梁的形式,必须考虑承台和联系梁对基桩屈曲稳定的影响。

(2)动力荷载下桩基的屈曲受力特性也是今后的研究方向之一。

(3)本书缺乏工程现场静载荷试验,并结合静力触探、标准贯入等原位测试方法综合确定的桩基数据,也无当地经验值,仅根据规范进行取值,计算单桩竖向极限承载力,与实际情况有出入,而桩周土的比例系数取值是否合适,是否与实际受力状况吻合,也未可知。

(4)本书并未考虑诸如实际工程中材料的耐久性、材料受温度、湿度的影响,以及在长期荷载、地震作用下桩的性能研究等。

(5)ANSYS 有限元模拟分析全过程由于受到很多因素的制约,各种参数和条件的选取对结果的影响在建模时可能无法全部考虑到,因此需要在对 ANSYS 更熟悉、更精通的基础上来进行更加全面和准确的有限元分析。

第 13 章　FRP 材料加固技术的概述

　　改革开放以来,随着经济的迅速发展,建筑业也呈现空前的繁荣。混凝土作为一种建筑材料在工程建设中被广泛采用,迄今已有一个半世纪的历史。但是随着使用时间的增加,混凝土材料会发生劣化与损伤,钢筋锈蚀严重,混凝土结构加固和修复问题也就孕育而生。

　　新型复合材料因具有轻质高强、耐腐蚀性好、耐久性好等优点而被作为航空、航天和体育休闲用品领域的主要材料,近年来其在民用建筑领域的开发和应用也受到了工程界的重视,在建筑加固领域开辟了一条高效、方便、经济的新途径。玄武岩纤维材料作为一种新的纤维材料,其生产及应用在国内还处在起步阶段。我国在 2002 年把玄武岩连续纤维的研究列为国家863 科研项目,可以预计在将来这种材料会有很大的发展。迄今为止,国内外众多机构、高校已对纤维材料加固钢筋混凝土构件的性能与效果进行了大量的研究,但多集中在碳纤维材料上,而对采用玄武岩连续纤维加固的研究则较少。

　　预应力加固法是一种用预应力钢拉杆或型钢撑杆对结构构件进行加固的方法。其特点是通过施加预应力,强迫后加的拉杆或撑杆受力,改变原结构内力分布,并降低原结构应力水平,致使一般加固构件中所特有的应力应变滞后现象得以完全消除,因而后加部分与原结构能较好的共同工作,使结构总承载力可以显著提高,还可减少结构的变形,使裂缝宽度缩小甚至完全闭合。此法主要适用于要求提高承载力、刚度和抗裂性及加固后占空间小的混凝土承重结构,尤其是高应力状态下的大型结构。它作为一种主动加固法,具有其他加固法不可代替的优点。

　　基于以上背景,考虑到 BFRP 材料的特性和传统体外预应力加固施工的特点,本书提出了 BFRP 筋预应力加固混凝土结构的方法。通过试验与理论分析相结合,对 BFRP 筋预应力加固钢筋混凝土梁的抗弯性能进行了较为全面的研究,所得成果可供工程设计参考。

13.1　混凝土结构加固技术的现状

13.1.1　概述

钢筋混凝土是房屋、桥梁、水利工程建设中应用量广泛的材料之一,然而,由于地理环境、自然灾害以及人为因素的影响,混凝土的耐久性受到影响。我国水泥生产产量,占世界总产量的 1/3 以上,混凝土工程量在世界上名列前茅,而我国区域辽阔,地跨温热二带,北方为寒冷地区,海岸线长达 18 万多公里,又处地震多发区域,因此我国混凝土结构面临更严酷条件,加之一些工程质量不尽理想,而混凝土结构的耐久性能一般低于发达国家,致使加固问题更为突出。

建筑物在正确设计、精心施工、正常使用与维护的情况下,在其设计的预期使用年限内,是可以满足其使用功能要求的。但无论是旧建筑物还是新建筑物,都可能由于种种原因导致其无法满足某项或几项功能的要求。这些原因主要来自以下三个阶段。

1. 使用阶段

(1)建筑物使用年久老化,建筑物在正常使用与维护的情况下已经达到或者超过了设计使用年限,已完成其使用功能要求的使命。

(2)建筑物使用年久失修,建筑物虽正常使用,但是维修不好或没有维修,在尚未达到设计使用年限就已丧失某项或几项功能要求。

(3)建筑物使用不合理,包括建筑物用途变更、超载使用、使用条件或环境恶化等原因。

(4)自然灾害及偶然事故,如地震、风灾、火灾、水灾、滑坡、坍塌、撞击及其他各种事故。

2. 施工阶段

建筑物在施工阶段,可能由于施工管理不善、施工技术水平低下、人为非法的偷工减料及不按照施工规范操作等原因造成隐患,工程交工后,建筑物不能满足原设计功能要求。

3. 设计阶段

在设计阶段可能由于勘察、设计资料不全或不准,建筑、结构的方案不合理,造型不妥,设计计算有误,构造不合理等原因,致使建筑物不能满足预定功能要求。

由于上述在不同阶段形成的种种原因,会导致建筑物不能满足或丧失某项或几项功能要求。为恢复或部分恢复其原有功能或一定功能,就应及时进行维修或加固,因为建筑物的缺陷和损坏的严重程度不同,要求维修和加固的深度也就不同。总之,维修加固的目的要求不同,进行维修加固的深度、方式方法和技术都不同,甚至有的差别很大。

13.1.2　现状

国际上发达国家的基本建设大都经历了3个阶段,即大规模新建阶段、新建与维修并重阶段、工程结构的加固维修阶段。发达国家已普通跨入第3阶段。在发达国家,房屋结构的新建与加固改造早已成为前消后长的趋势。丹麦用于结构加固与新建工程的投资比例已达6∶1。美国20世纪90年代初用于旧建筑物维护和加固的投资占到总建设投资的50%以上。英国这一数字为70%。而德国则达到80%。美国自20世纪70年代起新建结构少,而加固维修业兴旺发达,据美国劳工部调查,加固改造行业正在成为美国最受欢迎的9个行业之一。根据美国土木工程学会2001年的调查,美国国家级桥梁48%以上出现钢筋锈蚀破坏,40%承载力明显不足,对此都需要进行加固,估计在20年内,每年要投入110亿美元进行桥梁加固。根据美国土木工程学会的调查,约40%的工业与民用建筑到了维修期,在未来5年内,美国需要投入14 000亿美元改善基础设施的安全状态。由于钢筋锈蚀,英国一部分预应力桥梁破坏严重,甚至发生塌垮事故。加拿大、日本约35%的桥梁、工业建筑需要加固。

我国是使用钢筋混凝土结构最多的国家之一。新中国成立以来,我国从"一五"开始到现在一直进行大规模建设,当这些建设活动到达顶峰后,结构的耐久性和加固问题将更加突出。我国的工程结构安全储备标准在国际上偏低。长期以来,重新建,轻维护,大量的结构到了维修期。据统计,我国20世纪60年代以前建设的房屋约有25亿平方米,这些房屋已进入了中老年阶段,全部拆除重建在目前并不符合我国的国情,这就需要对其进行结构鉴定和可靠性评估,以便进行加固和维护,以延长使用寿命。改革开放以来,随着经济的迅速发展,建筑业呈现空前的繁荣。尽管受宏观调控政策的控制,新建与加固改造的投资比例因时因地地呈波浪式变化,但从总体趋势来看,我国的基建行业正步入第2个阶段,建设部的科研计划也已据此进行了相应调整。据保守估计,我国现有的60多亿 m^2 房屋建筑中40%以上需要分期分批地进行坚定和加固。截至 1998 年,我国建筑业中建筑工程产值为 86 861 600 万元,其中房屋、构筑物修理产值为 1 455 735 万元。

　　类似的情况在桥梁中也存在。自 18 世纪 70 年代欧洲工业革命以来,伴随着交通运输业的快速发展,近代桥梁历经两个多世纪的历史,数量已经异常庞大。由于其工作环境比房屋结构更加恶劣,桥梁病害更为普通和严重。例如,我国新中国成立前修建的桥梁,有的使用了近百年,早已进入了老年服役期,有的钢桥疲劳寿命已近极限;新中国成立后修建的混凝土桥梁中,相当一部分由于当时技术条件的限制,施工质量不高,已出现梁体开裂、钢筋锈蚀、混凝土保护层脱落等症状,耐久性亟待改善;还有不少按以往标准设计施工的桥梁,存在承载力或抗震能力不足的问题。根据 2000 年秋检结果,发生钢筋锈蚀的桥梁达 3000 余孔,基本上都需要加固。但我国在检测与加固方面的技术远落后于发达国家。桥梁结构设计标准偏低,安全储备不足,受到水、盐剂及其他化学品的侵蚀,钢筋锈蚀、结构损伤严重、承载力和抗震能力严重不足,只有及时加固维修,才能提高桥梁等公共基础设施、工业与民用建筑的安全保障。北京现有桥梁 6500 余座,其中约有 690 座桥梁急需加固,每年报修桥梁 60 多座。如果进行及时维修加固,可以延长一些桥梁的服役期。旧桥加固的费用是新建桥梁费用的 $10\% \sim 20\%$,一般新桥基建投资超过旧桥大修投资的 $0.5 \sim 2$ 倍。可见,在对工程结构的损伤程度、承载能力、耐久性等问题进行正确评估的基础上,采取相应的维修和加固措施,挖掘现有工程结构的承载力,是一项具有显著经济效益和社会效益的工作。

13.1.3　发展

　　就整个世界范围来看,在经历了二战后的大规模新建时期后,土木界已进入新建与维修改造并重,并逐步将建设重点转向旧建筑物改造、维修、加固方面的新时期。一方面为满足社会发展的要求,新的构筑在不断地建设,另一方面由于人类生产的进步及生活水平的提高,人类对构筑物功能的要求也越来越高,过去建造的低标准构筑物在经过数十年的使用后已不能满足社会的需求,需要对其进行维修、加固及现代化改造上,从而使土木工程过渡到新建与维修、改造并重的发展时期。此后,随着社会的进一步发展,人们的生活水平不断提高,对构筑物功能的要求也越来越高,越来越感觉到已有构筑物的规模和功能不能满足新的使用要求。构筑物低标准、老龄化和长期使用后结构功能的逐渐减弱等导致的结构安全问题已引起人们的关注,但是昂贵的拆建费用以及对正常生活秩序和环境的严重影响等问题阻碍了新一轮新建高潮的兴起,于是人们转而将目光投向对在用构筑物的维修加固及现代化改造上。这种在保存原来建筑形体的基础上进行的加固与现代化改造,即在提高建筑结构安全性的同时使其内部设施功能加固的改造措施,投资少、影响小、见效快,不仅具有可观的经济效益,还具有巨大的社会效益。因此,促使土木业跨入以现代化改造和维修加固为重点的发展新时期具有重要意义。

13.2　结构加固技术

13.2.1　工程结构加固的目的和意义

建筑物由于种种原因不能满足安全性、适用性、耐久性方面的要求。经过建筑物的可靠性鉴定,必须进行补强加固处理。我国从 20 世纪 50 年代就开始进行结构的加固处理,几十年来,国内加固了许多建筑物工程,积累了丰富的实践经验,并发表了大量的文献资料。目前已颁布的《混凝土结构加固设计规范》(GB 50367-2013)等总结了我国成熟的加固技术。适用于多种原因造成的结构、构件损坏的加固处理,对推动加固技术的发展起了很大的作用。补强加固的目的主要是:

(1)提高结构、构件的强度。

(2)提高结构、构件的稳定性。

(3)提高结构、构件的刚度。

(4)提高结构、构件的耐久性。

也即,结构加固是通过一些有效的措施,使受损结构恢复原有的结构功能,或者在已有结构的基础上提高结构抗力能力,以满足新的使用条件下结构的功能要求。

随着我国安居工程和住宅产业化的发展,用户对工程质量和使用功能的要求越来越高。为了节约能源,走经济的可持续发展道路,我国又提出了向节约型社会的转变。因此,当出现结构设计上的疏忽,或是功能要求上的改变,都必须对建筑物的部分结构进行加固或加强,从而保证建筑物功能的正常使用。

对于出现问题的建筑物,将其全部推倒重建往往是不现实的。因为,这不但会耗费大量的资金,而且花费需要很多的时间,有时还会影响正常的生产过程。所以,一般从经济角度考虑,采取适当的加固措施,对出现问题的结构进行补强和加固处理,使这些结构满足原来的功能要求,便是可解决的方法之一。

总之,在现代社会中对现代建筑物的补强加固技术进行开发研究是非常必要的,这项工作能带来重要的社会效益和巨大的经济效益。

13.2.2　常用的工程结构加固的方法

混凝土结构加固技术有很多种,在选择加固方法之前,应该先根据建筑物的具体情况对多种方案进行比较确定出加固方案,同时要注意遵循加固效果可靠、施工简便、经济合理等原则。经过科研人员的大量探索与实践,目前,我们在工程中经常采用的加固方法大致有以下几种。

1. 加大截面加固法

该法施工工艺简单、适应性强,并具有成熟的设计和施工经验,适用于梁、板、柱、墙和一般构造物的混凝土的加固。但是,其现场施工的湿作业时间长,对生产和生活有一定的影响,且加固后的建筑物净空有一定的减小。

2. 置换混凝土加固法

该法的优点与加大截面法相近,且加固后不影响建筑物的净空,但同样存在施工的湿作业时间长的缺点。该法适用于受压区混凝土强度偏低或有严重缺陷的梁、柱等混凝土承重构件的加固。

3. 外包型钢加固法

该法也称湿式外包钢加固法,受力可靠、施工简便、现场工作量较小,但用钢量较大,且不宜在无防护的情况下用于 600 ℃以上高温场所。该法适用于在使用上不允许显著增大原构件截面尺寸,但又要求大幅度提高其承载能力的混凝土结构加固。

4. 粘贴钢板加固法

该法施工快速、现场无湿作业或仅有抹灰等少量湿作业,对生产和生活影响小,且加固后对原结构外观和原有净空无显著影响,但加固效果在很大程度上取决于胶粘工艺与操作水平。该法适用于承受静力作用且处于正常湿度环境中的受弯或受拉构件的加固。

5.粘贴纤维增强塑料加固法

该法除具有与粘贴钢板相似的优点外,还具有耐腐蚀、耐潮湿、几乎不增加结构自重、耐用、维护费用较低等优点,但需要专门的防火处理,适用于各种受力性质的混凝土结构构件和一般构筑物。

6.绕丝法

该法的优缺点与加大截面法相近,它适用于混凝土结构构件斜截面承载力不足的加固,或需对受压构件施加横向约束力的场合。

7.锚栓锚固法

该法适用于混凝土强度等级为 C20 到 C60 的混凝土承重结构的改造、加固;不适用于已严重风化的上述结构及轻质结构。

8.预应力加固法

该法能降低被加固构件的应力水平,不仅使加固效果好,而且还能较大幅度地提高结构整体承载力,但加固后对原结构外观有一定影响。它适用于大跨度或重型结构的加固以及处于高应力、高应变状态下的混凝土构件的加固,但在无防护的情况下,不能用于温度在 600 ℃ 以上的环境中,也不宜用于混凝土收缩徐变大的结构。

9.增加支承加固法

该法简单可靠,但易损害建筑物的原貌和使用功能,并可能减小使用空间,适用于具体条件许可的混凝土结构加固。

13.3 FRP 筋在结构加固中的应用

13.3.1 FRP 筋材料简介

钢筋混凝土结构中钢筋的锈蚀是造成其耐久性降低、结构破坏的重要因素。为此产生了 FRP(Fiber Reinforced Polymer)筋预应力混凝土结构,特别是在海洋环境、使用除冰盐环境等钢筋易锈蚀的环境下,应优先使用 FRP 筋预应力混凝土结构。

　　FRP 筋是由多股连续长纤维(如玻璃纤维、碳纤维、聚乙烯醇纤维或阿拉米德纤维等)采用基底材料(如聚酰胺树脂、聚乙烯树脂、环氧树脂等)胶合后经过特制的模具挤压、拉拔成型。

　　FRP 筋的特点有：

　　(1)抗拉强度较高。

　　(2)强度—质量密度比高,约为钢材的 5 倍。

　　(3)抗腐蚀性能较好。

　　(4)非导电材料及非磁性和电磁波透过性材料。

　　(5)容重较小,为钢材的 25％左右。

　　(6)热膨胀系数与混凝土相近。

　　(7)弹性模量较低,约为普通钢筋的 25％～75％。

　　(8)抗剪强度和挤压强度较低,通常不超过其抗拉强度的 10％。

　　(9)碳纤维和芳纶纤维具有良好的抗疲劳性能。

　　(10)成本较高,生产制作工艺较复杂。

13.3.2　FRP 筋预应力混凝土结构的工程应用

　　FRP 最早应用于预应力混凝土结构源于 1954 年 Rubinsky 采用玻璃纤维取代预应力筋的尝试,现在这一尝试已经很成功地应用于预应力构件。1959 年,美国碳化物公司生产出世界上第一根碳纤维。此后,日本、欧洲和北美进行了 AFRP 和 CFRP 应用试验,取得了较好的效果。

　　日本是较早应用 FRP 预应力混凝土结构的国家,最早的这些工程是由建设部国家工程研究协会与 10 位承包商一起实施的。1988 年,CFRP 绞线作为先张筋首先应用于石川县圣那米亚桥,该桥宽为 7.0 m,跨度为 5.76 m。

　　应用于圣那米亚桥中的先张预应力筋 φ2.5 mm 的 CFRP 绞线,下翼缘设 6 根绞线,上翼缘设 2 根绞线,以环氧树脂涂裹的粗钢筋作为蹬筋。1992 年,日本在 Hishinegawa 自行车桥中采用 CFRP 绞线作为预应力筋,蹬筋采用预弯的 CFRP 棒。

　　1989 年,作为日本九州县石智川桥部分,CFRP 作为预应力筋第一次被用于一座 2 跨简支后张混凝土公路桥中。该桥两跨梁宽 12.3 m,长 35.8 m,一孔 18.25 m 的先张梁和一孔 17.55 m 的后张梁。CFRP 棒用在两跨实心矩形截面后张梁中的一跨,由 φ8 mm CFRP 棒组成的 8 根复合力筋分别应用于后张梁中。

　　另一座以 AFRP 棒作为预应力筋的预应力混凝土公路桥,于 1990 年至 1991 年被建在一家混凝土制品厂的进货通道上,该桥有一跨 12.5 m 的先张组合板梁和一跨 25.0 m 的后张箱梁中。

1990 年,日本茨城县高尔夫球场修建的一座人行桥中,采用了 AFRP 编织束作为预应力筋。该桥为后张预应力悬臂板梁,长 54.5 m、宽 2.1 m。所有的编织束的截面皆为 4.86 mm×19.5 mm。

FRP 材料现被广泛地应用于其他土木工程建设领域。例如,高大烟囱的表面施加预应力。日本 1989 年建造的某一建筑中,所有 21 m 的主梁皆为采用 FRP 预应力筋的后张梁。

13.3.3　几种 FRP 筋的性能比较

一般来讲,一根 FRP 筋含有十万根左右的连续纤维素,纤维的长细比和晶体的分布直接决定了 FRP 筋的抗拉强度和弹性模量。与钢筋不同的是,FRP 的纤维应力—应变关系直至破坏均为线弹性,没有屈服点,纤维的破坏均为在较低应变时的脆性断裂。这些连续纤维在 FRP 体中靠热固性树脂材料而粘结在一起;树脂基材起到保护纤维以及在纤维之间传递剪力的作用,结构工程中应用的 FRP 筋所使用的热固性基底材料有聚酰胺树脂、聚乙烯树脂和环氧树脂。由于树脂的密度均较小,因此 FRP 具有良好的强度质量比,这是 FRP 筋与预应力筋的明显比较。下面介绍芳纶纤维增强塑料(AFRP)、玻璃纤维增强塑料(GFRP)和碳纤维增强塑料(CFRP)的具体材料特性。

(1)AFRP 有织带状、螺旋状和扁平杆壮三种截面形式。其纤维的抗拉强度为 2650～3500 MPa,弹性模量为 75～165 GPa。芳纶纤维没有疲劳极限,但应力徐变损失比较严重,另外对紫外线辐射也比较敏感。

(2)GFRP 是一种技术含量较低且使用量最大的纤维树脂复合物。在结构工程中有两种 GFRP 应用较多:一种为 E 型 GFRP,其因价格比较低廉而被广泛应用,但强度较低;一种为 S 型 GFRP,其强度高,但价格较贵。E 型和 S 型玻璃纤维的抗拉强度为 2300～3900 MPa,弹性模量为 74～87 GPa。目前,其最大的用途是制造玻璃钢产品,也经常应用于结构加固工程中。

(3)CFRP 碳纤维是由有机纤维在惰性气体中经高温碳化而成的,按原丝类型分为聚丙烯基和沥青基两类。碳纤维的强度极高,抗拉强度达 6000 MPa,弹性模量可达 300 GPa,但是 CFRP 的极限应变仅有 1.2%～2.0%,是三种材料中最小的。目前,由于碳纤维的制造成本较高,环氧树脂增强的 CFRP 筋用于预应力结构成本比较昂贵,且施工难度也较大,这在一定程度上制约了其推广应用。

在结构工程中 FRP 中纤维的含量约为 70%～80%,其余为树脂材料,这使制成的 FRP 强度低于其内含纤维的强度,而且随着树脂含量的增加 FRP 的强度有明显的下降,因此各厂家生产的 FRP 之间的性能存在一定的差异。表 13-1 列出常见厂家生产的 FRP 的特性。

表 13-1　纤维增强塑料筋和预应力绞线的力学性能

FRP 类型	抗拉强度 (MPa)	弹性模量 (GPa)	极限应变 (%)	松弛率 (20 ℃1 000 h) (%)	线胀系数 (10^{-6}℃$^{-1}$)	密度 (g/cm³)
碳纤维	1900～2300	130～420	0.6～1.9	1.5～3	0.6	1.5
芳纶纤维	1400～1820	50～70	2～4	5～15	-2～-5	1.3
玻璃纤维	600～900	30	2	10	9	1.7～1.9
高强钢丝	1700～1900	200	6	1～2	12	7.85

为确定 FRP 预应力筋的抗拉强度,日本和美国取试验强度平均值减去 3 倍强度标准差作为强度标准值,具有 99.87% 的保证率。国际预应力混凝土协会(FIP)、加拿大则建议取试件强度平均值减去 1.65 倍强度标准差作为强度标准值,具有 95% 的保证率。

13.4　预应力加固技术及研究现状

预应力是为改善结构或构件在使用条件下的工作性能和提高其抗裂性而预先施加的内应力。在结构物上施加预应力,其最终目的是在结构物内产生希望得到的应力和应变,或抵消不希望出现的应力和应变。

人们将预应力技术的基本原理真正意义上应用于土木工程仅有 100 多年的历史,但其发展十分迅速,并从应用于新建结构延伸到应用于结构加固与改造工程中。20 世纪 50 年代,苏联人努甫利霍夫最早提出了预应力加固法,并将其应用于许多工厂的加固与改建中,取得了较好的效果。这一方法实质上是体外预应力技术的应用,其基本原理和林同炎先生所提出的"荷载平衡法"的设计理论是一致的,即把预加应力主要看作是用于平衡构件上的荷载的手段,也就是用预加应力去平衡由于设计失误或其他原因引起的多余荷载,最终抵消正常使用时不希望出现的应力和应变。原有结构经过加固后由砖混或钢筋混凝土结构变成体外预应力结构。体外预应力的概念和方法产生于法国，由 E. Fressinet 进行了首次应用。20 世纪 70 年代，法国大量的桥梁加固工程为其发展提供了契机。人们在使用体外预应力技术对这些桥梁进行加固的工程中积累了丰富的经验，为该技术在新建桥梁及其他土木工程领域的应用提供了依据。因此可以说，体外预应力技术的发展是从结构加固工程开始的。

预应力加固法是一种用预应力钢拉杆或型钢撑杆对结构构件进行加固的方法。其特点是通过施加预应力，强迫后加的拉杆或撑杆受力，改变原结构内力分布，并降低原结构应力水平，致使一般加固构件中所特有的应力应变滞后现象得以完全消除，因而后加部分与原结构能较好地共同工作，从而使结构总承载力可以显著提高，还可减少结构的变形，使裂缝宽度缩小甚至完全闭合。此法主要适用于要求提高承载力、刚度和抗裂性及加固后占空间小的混凝土承重结构，尤其是高应力状态下的大型结构。它作为一种主动加固法，具有其他加固法不可代替的优点。

采用增设体外预应力钢筋对普通钢筋混凝土梁进行加固特别适用于下述情况。

（1）混凝土梁中钢筋严重锈蚀及其他各种病害造成结构承载能力下降。

（2）需要提高结构的荷载等级。

（3）用于控制梁裂缝及降低钢筋的疲劳应力幅度。

由于各种钢筋混凝土梁的病害各异，因而加固前首先要进行仔细的调查与分析，必要时应进行评估试验；然后根据梁病害的成因及现状、梁体混凝土的强度等级、钢筋的锈蚀程度、梁的荷载等级以及加固后所要达到的目标等具体情况制定加固方案。

1992 年，东南大学硕士生张继文在其导师吕志涛教授指导下曾作过题为《预应力加固梁（简支梁和连续梁）的性能研究与计算分析》的硕士论文。其文采用试验和理论研究相结合的方法，对采用预应力法加固的普通钢筋混凝土简支和连续梁的受力全过程进行了详细的研究。试验表明：梁的预应力加固是一种积极的加固法，它不但能大幅度提高被加固梁的极限荷载（抗弯和抗剪），同时也可以在很大程度上改善梁的使用性能。在试验基础上其文对预应力加固梁各主要受力阶段分别进行了理论分析计算（包括内力、变形和裂缝宽度），并且，依据 M-N-φ 关系，进行了非线性全过程分析，其结果与试验结果比较吻合。1997 年，东南大学曹双寅教授等人对"预应力钢与混凝土组合结构加固梁"进行了研究。其文针对预应力下撑式拉杆加固梁存在的问题，即预应力要求较高时可能导致反拱、裂缝和斜向预应力张拉施工困难及构造困难，提出了考虑钢与混凝土共同工作的预应力钢与混凝土组合构件加固钢筋混凝土梁的新方法，并对采用预应力钢桁架加固混凝土梁的基本原理和内力计算方法进行了较为详尽的分析,提出了相应设计方法。2000 年,东南大学张继文就"预应力加固构件的边界约束对加固效能的影响"进行了理论分析和研究,他对具有不同边界约束条件的预应力加固受弯构件的作用机理进行了较为深入的分析与总结,提出了统一的加固计算方法及加固效能的判断准则。1999 年,北京建筑工程技术研究中心刘航等人做了"体外预应力加固混凝土框架梁的试验研究"。其结论是钢筋混凝土框架结构采用按其弯矩图布置的折线体外预应力筋进行加固时,在正常使用极限状态下,可以显著减小梁的跨中挠度,使较大的裂缝宽度变小、较小的裂缝闭合;在承载力极限状态下,可以显著提高原结构的抗弯极限承载力,且预应力筋极限应力增量较大。只要采用适量的预应力筋,加固后的破坏形态仍为适筋梁的延性破坏。而钢筋混凝土框架结构采用直线体外预应力筋进行加固时,在正常使用极限状态下,梁的跨中挠度的减小幅度明显小于折线预应力加固方案,裂缝宽度的变化情况也相对较小;在承载力极限状态下,可以提高原结构的抗弯极限承载力,但提高幅度有限,且预应力筋的应力增量很小,其受力性能类似于无粘结预应力混凝土结构。加固后结构的破坏形态为适筋梁的延性破坏。

在工程应用方面,中国建筑科学研究院陈瑜、关建光等曾利用双向张拉连续多跨折线型体外预应力加固技术加固浙江开氏实业有限公司的无梭织造车间的主梁;江苏省水利工程建设局的陈志明曾利用体外直束预应力加固通榆河城北因施工质量问题造成很大裂缝的系杆拱结构公路桥;西安煤炭设计院崔英敏等曾利用体外预应力技术加固宁夏大武口洗煤厂煤仓。

从现有资料和 1990 年出版的《混凝土结构加固技术规范 CECS25:29》中可看出,对预应力加固的计算方法也与一般预应力混凝土结构一般无二,而没有考虑两者的区别及前者的特殊性。例如,在现有预应力结构梁的正截面强度设计中应用的是正截面假定,这在新建的预应力结构中是适用的,而对于预应力加固原有结构中的应用应视具体情况而定。若原梁处于正常使用荷载下,则平截面假定仍适用,而当原梁处于临界荷载下,无论是混凝土还是钢筋都已处于塑性状态,这时平截面假定不再适用,这在实际计算中将引起较大误差。因此很有必要对加固处于临界荷载的梁进行深入探讨和研究。

同时,预应力加固现有结构仍有很多尚待解决的问题。例如,加固时对上部荷载的估算;用预应力加固局部结构时对整体结构和其他部分产生的影响;采用钢筋作为加固筋时需解决锈蚀问题,特别是对桥梁加固时环境恶劣的情况下显得尤为重要。总之,利用预应力加固现有结构无论是在理论上还是试验上都需人们进行系统的研究。

13.5　BFRP 材料在混凝土结构加固中的运用

13.5.1　BFRP 材料简介

玄武岩纤维,英文名 Basalt Fibre Reinforced Polymer(简称 BFRP),是以天然玄武岩矿石为原料,将矿石破碎后加入熔窑中,经 1450 ℃～1500 ℃熔融后,通过喷丝板拉伸成连续纤维,并以玄武岩纤维为增强体制成的新型复合材料。

玄武岩矿石主要由 SiO_2、Al_2O_3、Fe_2O_3、CaO、MgO、K_2O、TiO_2 等多种氧化物陶瓷成分组成,因此,玄武岩纤维在耐高温、化学稳定性、耐腐蚀性、导热性、绝缘性等许多技术指标方面都具有优越性[3]。连续性玄武岩纤维应用领域十分广阔,一方面,可将其用于生产增强材料,制造纤维增强水泥和纤维增强塑料;另一方面,因其更具有耐酸、耐碱、强度高、耐高温、耐低温、光滑、柔软、耐摩擦性强等特点,在建筑业、桥梁土业、混凝土构件中使用其代替钢筋将彻底解决长期困扰人类的钢筋锈蚀问题,使用其代替石棉和玻璃纤维还可以解决石棉对人体健康的危害,而使用其代替无碱及价格昂贵的耐碱玻璃纤维,还能大幅度地提高产品性能,延长使用寿命,又能有效降低其制造成本[4]。

13.5.2　国内外研究状况

1. 国外的研究情况

据文献,玄武岩连续纤维的系统报道基本来源于独联体国家。早在 20世纪 60 年代初期,莫斯科郊区的玻璃复合材料及玻璃纤维研究院为了制造具有特殊性能的玻璃纤维材料,进行了大量的研究工作,他们发现玄武岩纤维在一些特性上超过当时的玻璃纤维。玄武岩纤维的强度比钢材还高,而且在 700 ℃条件下强度不改变。这一特性的发现,自然引起了苏联军方的注意,后来苏联国防部门下达项目给乌克兰基辅材料问题研究院进行基础研究,在该院建成第三十七所(即"绝热隔音材料"科研生产联合体)。真正的玄武岩连续纤维的成功制造是在苏联的改革初期。经过了近 20 年不断的实践,花费了上亿美元,苏联科学家才最终开发成功了玄武岩连续纤维的生产工艺和技术。苏联解体前,乌克兰、俄罗斯、格鲁吉亚、吉尔吉斯和哈萨克斯坦都曾建有玄武岩的熔炉,但是提供给市场的玄武岩纤维产品非常少,甚至还不够做试验用的数量。1991 年以后,有了玄武岩连续纤维的专利登记,才陆续有相关文章发表。

1972 年至 1975 年期间,美国的 OwensCorning 公司对玄武岩连续纤维也进行了大量的研究工作,但未进行工业生产的研究开发,花费了大约 1 亿美元,工作停顿了。在 20 世纪 80 年代初期,德国 DBW 公司也进行了该项工作,几年后也停顿了。欧盟对玄武岩纤维的发展也有一个专门的计划。近些年来,美国、韩国、中国、日本也在开发玄武岩纤维的技术,但是不能进行工业化的批量生产。迄今为止,除乌克兰、俄罗斯等独联体国家以外,世界上其他国家还没有一种不需要添加辅助原料直接从玄武岩一次制成连续纤维的工业技术。

连续纤维材料用于混凝土结构补强加固的研究工作开始于 20 世纪 80 年代,当时的美、日、新加坡以及欧洲的部分国家和地区的众多大学、科研机构、材料生产厂家等都相继进行了大量连续纤维材料用于混凝土结构补强加固的应用性基础研究和开发。其中,尤其以碳纤维的应用为甚,并在此基础上已编制形成了各国家的行业标准和规范[7]如日本在 1995 年总结出建筑领域的《连续纤维加固混凝土结构诸性质和设计方法》,在 1996 年正式颁布了《连续纤维材料补强加固混凝土结构的设计及施工规范》。1995 年,比利时举行的第二届 FRPRCS 国际会议标志着 FRP 加固法在欧洲引起了广泛的关注。日本阪神大地震之后,很多工程就是用连续纤维材料补强加固的。自从 BFRP 诞生以来,由于其诸多优越性,国外的研究机构、高校纷纷开展了一系列对它的研究工作,并取得了一些成果。

2. 国内的研究情况

玄武岩纤维的生产及应用在国内还处于起步阶段。我国玄武岩矿藏储量丰富,再加上玄武岩纤维及其复合材料的性能优异,替代性强,应用领域广,应用前景广阔,玄武岩纤维可谓 21 世纪的一种新材料。我国在 2002 年把玄武岩连续纤维的研究列为国家 863 科研项目,可以预计,这种材料在将来必将有很大的发展。

2001 年 7 月,我国驻俄罗斯大使馆科技参赞黄寿增等人向国内科技部等有关部门发出了一个题为"俄罗斯 21 世纪新材料——玄武岩纤维研究现状及中俄合作的可能性"的重要报告。该报告建议:"科技部召集有关部门对此进行专门研究,从国家高度做出决策,使玄武岩纤维制造成为一个新兴的支柱产业、绿色环保产业,这将有利于在这一新材料高技术领域的跨越式发展。建议将此项目列入国际科技合作重大项目计划给予必要的支持,使项目顺利启动。选择实力雄厚的企业或大型企业集团牵头,统一对外,开展高起点合作,尽快形成规模"。成立于 2001 年 9 月的中俄合资企业——深圳俄金碳材料科技有限公司,正在积极开展此项技术的开发应用,并已将其列入中俄两国政府间科技合作项目,提出了"眼光要远、规划要大、起点要高、起步要稳、特色要强、扩展要快"的项目建设和发展思路;与我国西部开发和国家鼓励发展行业政策相适应,以生产玄武岩连续纤维为基础,着力开发玄武岩连续纤维复合材料。到现在为止,我国已经有两家大型的连续玄武岩纤维复合材料的生产厂家,它们在 2005 年的产量达到了 600 t,极大地降低了其市场价格,具有很大的推广优势。

目前,国内外对结构加固技术的研究多集中在 CFRP 材料上,而对采用 BFRP 加固的情况研究则较少。现今,已经有十几个科院所对连续纤维材料在加固上的运用进行了研究。其中湖南大学、东南大学、天津大学、同济大学等对 CFRP 加固钢筋混凝土结构的简支梁的抗弯、抗剪进行了试验研究和理论分析,并给出了相应的计算方法。可以说,我国对 CFRP 的研究与应用已经很成熟了,但对于 BFRP 这种新材料在混凝土结构加固上的研究、应用、推广还处于起步阶段。

基于以上背景,本章对玄武岩纤维筋预应力加固钢筋混凝土梁的抗弯性能进行了较为全面的研究,所得出的试验数据与研究成果可供工程设计参考。

13.5.3　BFRP 材料的主要特性

1. 优异的力学性能

连续玄武岩纤维比 E 玻璃纤维具有更高的使用温度和杨氏模量。加拿大 Albarrie 公司研制出的玄武岩纤维拉伸强度达到 4840 MPa,甚至超过了 S 玻璃纤维。玄武岩纤维的弹性模量也非常优异,优于 E 玻璃纤维和 Advantex,与 S 玻璃纤维相当。另外,它的软化点为 960 ℃,最高使用温度达到 900 ℃。玄武岩纤维在 100～250 ℃下可提高拉伸强度 30%,而玻璃纤维却下降 23%。

玄武岩纤维在热水作用下也能保持较高强度,例如,在 70 ℃热水作用下,一般玻璃纤维不到 200 h 便会失去强度,而玄武岩纤维的强度可保持1200 h。

2. 稳定的化学性能

玄武岩纤维比 E 玻璃纤维具有更加稳定的化学性能。对比玻璃纤维与玄武岩纤维的化学成分可知,玄武岩中含有一些特殊组分,赋了其特定性能。例如,Al_2O_3 能够提高熔体粘度,提高化学稳定性,而 FeO 和 Fe_2O_3 能够改变溶制参数,影响导热性,MgO、K_2O、TiO_2 则能提高防水性能及耐腐蚀性。玄武岩纤维的吸湿性<1%,而玻璃纤维达 10%～20%。在 100%相对湿度条件下,玄武岩连续纤维的强度并未降低,而硅-铝玻璃纤维的强度却降低了 30%。重要的是玄武岩纤维具有较高的抗碱液腐蚀性,这就大大提高了玄武岩纤维使用的可靠性和使用效率。

玄武岩纤维属于第一水解级,它的耐酸性及耐水性均优于矿渣棉及玻璃纤维;应用于工程建设以及住房建设中,有良好的阻燃和防噪音功能。采用玄武岩纤维材料制造的石油、天然气的高气密性管道,使用寿命可达 80 年,而且期间无须进行大修和采用其他方法进行维护。玻璃纤维管和高合金钢管使用寿命却只有 30 年左右。

试验发现,玄武岩纤维在饱和 $Ca(OH)_2$ 溶液以及水泥等碱性介质中能保持高度的稳定性,可代替钢筋用作混凝土建筑结构的增强材料,制作桥梁等大型建筑的结构件。因此,用玄武岩纤维增强混凝土,既可增强又可耐碱,其抗碱性大大优于玻璃纤维,完全可以代替 AR 玻璃纤维,应用于需求量很大的纤维增强混凝土构件(GRC)或土方格材料,可大面积推广。

玄武岩连续纤维与 E 玻璃纤维在水中沸煮 3 h 后纤维质量损失(%)的对比情况:在水中玄武岩连续纤维损失 0.2%,而 E 玻璃纤维则损失 0.7%。在 2 h NaOH 的溶液里两者损失分别为 2.75%和 6.0%;在 2 h HCl 的溶液中玄武岩连续纤维仅损失 2.2%,而 E 玻璃纤维则损失 38.9%。玄武岩纤维的耐酸性超过了一般用作耐酸玻璃钢增强材料的 ECR 玻璃纤维,而成本却大大降低,它的耐碱性却又与目前市场上常用的昂贵的 AR 耐碱玻璃纤维相当。因此,玄武岩纤维具有良好的技术特性,即低密度、低热导率、低吸湿率和对腐蚀介质的化学稳定性,因此它能够降低结构质量,创造出新型结构材料,可替代玻璃纤维、石棉,甚至部分碳纤维材料。

3. 突出的耐高温特性

耐热性优于矿棉和 E 玻璃纤维等,接近产量小而价格高的耐高温石英玻璃纤维。在 400 ℃温度下工作时,其断裂强度能够保持 85%;在 600 ℃温度下工作时,其断裂强度仍能够保持 80%的原始强度;而即使优良的矿棉此时也只能保持 50%～60%的强度,玻璃棉则完全被破坏。如果玄武岩纤维预先在 780～820 ℃温度下进行处理,纤维还能在 860 ℃温度下工作而不会出现收缩。玄武岩纤维在 500 ℃温度下的热振稳定性仍然不变,原始质量损失不到 2%;900 ℃时也仅损失 3%。玄武岩纤维除了可用于高温绝热材料外,还可用于作液氮(196 ℃)等容器或设备的最有效的超低温绝热材料,而 E 玻璃纤维只能耐 60 ℃。同时,玄武岩纤维用作保温材料,不存在用石棉作保温材料时可能引起的致癌问题。

此外,连续玄武岩纤维中的无捻粗纱具有显著的耐高温性能和极好的机械性能。它可以用作石棉与昂贵碳纤维的替代品,适用于高温衬垫、大型船体绝热、车辆制动器摩擦衬片等。

4. 良好的介电性能

玄武岩纤维还具有良好的介电性能。它的体积电阻率比 E 玻璃纤维高一个数量级,可以广泛用于电子工业制作印刷电路板(PCB)。玄武岩含有不到 20%的导电氧化物。导电氧化物纤维过去并没有用于制备绝缘材料,但经过用专门浸润剂处理,玄武岩纤维的介电损失角正切比玻璃纤维低50%,可用于制造新型耐热介电材料。

5. 其他特性

(1)与树脂复合的增强特性。玄武岩连续纤维和各类树脂复合时,比玻璃纤维、碳纤维有着更强的粘合强度。用连续玄武岩纤维制成的复合材料在强度方面与 E 玻璃纤维相当,但弹性模量在各种纤维中具有明显优势。用连续玄武岩纤维制成的层合板也有类似结果。研究表明,无论是非表面处理纤维,还是有机硅处理剂处理过的纤维,玄武岩纤维与环氧树脂的粘合强度都要高于 E 玻璃纤维与相同环氧基的粘合强度。因此,可以用它制作在高压、化学及热应力环境下长期使用的形状复杂的容器。此外,还可将其用在硬质装甲和各种增强塑料领域,包括增强高压橡胶胶管、汽车和拖拉机的耐磨损部件等。

(2)隔热、隔音特性。玄武岩纤维及其制品具有极高的隔热、隔音和结构特性,使用温度范围为－269～700 ℃。玄武岩纤维的吸音系数比 E 玻璃纤维高,是高效的隔音材料,而且防火,能以吸声毡或板的形式用于电影院、音乐厅、大会堂和其他公共大厅。玄武岩纤维制品应用于工业、农业以及住房建筑中,能够确保稳定的隔热性能,无火灾危险,并且绝对防噪音。

(3)防电磁辐射的特性。玄武岩纤维镀铜后的复合材料可以用于防护电磁辐射。依据成分的不同,这些材料可以反射电磁辐射或吸收电磁辐射。如果在建筑物的墙体中增加一层玄武岩纤维布,则能对各种电磁波产生良好的屏蔽作用。

（4）与碳纤维的混杂特性。玄武岩纤维与碳纤维混杂可制成纤维混杂复合材料。玄武岩纤维的弹性模量为 107.8 GPa，碳纤维为 215.6～548.8 GPa。如果在玄武岩纤维中加入一定数量的碳纤维，并将两种不同纤维相间混杂编织，其复合材料的弹性模量、抗拉强度和其他性能都将得到明显的提高，与纯碳纤维复合材料比，成本则会大大降低。

（5）过滤净化特性。玄武岩纤维的过滤系数高，可用作过滤材料。人们已将它成功地用在净化空气或烟气的设备中作高温过滤材料，还可将其用于腐蚀性液体或气体的过滤，例如，使用玄武岩纤维过滤熔融铝，或用于医学领域中的空气超净化过滤器等。

6. 应用领域

由于玄武岩纤维具有高力学强度、低导热系数、良好的热振稳定性、防火性、耐腐蚀性、耐用性和环保洁净性，再加上材料自身的质量轻，结构性能与结构质量的比值优良，因此，其被广泛应用于石油、化工、建筑、航空航天、汽车制造、电子、冶金等领域。

13.5.4　BFRP 材料在加固技术中的优越性

近年来，纤维类材料在土木工程中的应用一直是国内外研究的热点，将之用于建筑业的研究开发及应用正呈现积极活跃的态势。中国拥有巨大的建筑市场，大量的钢筋混凝土结构急需补强与加固，现在市场上用得最多的是碳纤维材料，而 BFRP 材料作为一种新兴的加固材料与碳纤维材料加固及其他加固方法相比，具有许多的优越性，具体如下。

1. 适用面广

BFRP 材料具有良好的可塑性，可以广泛用于曲面和不规则形状混凝土结构的加固，且不会改变结构形状及影响结构外观，同时对于其他加固方法无法实施的结构和构件，如大桥的桥墩、桥梁、和大型筒体等，使用 BFRP加固技术都能顺利地解决，这是其他结构加固方法不可比拟的。

2. 质量轻且薄

每平方米重量大约 200 g，加固修补后不增加原结构自重及原构件尺寸，也就不会减少建筑物的使用空间。

3. 高强高效

BFRP 材料优异的物理力学性能，在加固混凝土中可以充分利用其较高的强度和弹性模量的特点来提高混凝土结构及构件的承载力和延性，通过改善其受力性能，达到高效加固的目的。

4. 施工容易且质量容易保证

由于 CFPR 材料加固技术已经在工程实践中被大量应用，工程人员也积累了丰富的施工经验，并且 BFRP 材料加固技术的施工方法与前者的施工方法一致，所以完全能够保证加固工程的质量，并能做到施工简便、工效高，劳动力需求量少，在现场不需要大型施工机具。

5. 耐腐蚀能力及耐久性强

连续玄武岩纤维具有低密度、低热导率、低吸湿率和对腐蚀介质的化学稳定性，同时也具有良好的介电性和耐热性，可替代玻璃纤维、石棉，甚至部分碳纤维材料。使用这种材料进行加固对结构可以起到很好的防腐保护作用，不仅能节约结构外表面的维护费用，还能有效地保护内部结构，达到双重加固修补的效果。

总之，将 BFRP 材料用于混凝土结构的加固与其他加固技术相比（如粘钢加固、外包型钢加固等）是具有很大优势的，很值得被广泛地推广和应用。

13.6　本课题研究意义及主要内容

将预应力加固技术用于结构加固具有以下优点。
(1)预应力布置简单，可以调整，简化了后张法的操作。
(2)在施工过程中不影响正常的使用。
(3)自重增加不多，可自由地调整加固后的应力状态。
(4)能显著提高结构的承载力。
BFRP 筋的自重轻、抗拉强度高、耐久性及抗腐蚀性好等特点，弥补了传统预应力钢铰线存在的耐久性差、抗腐蚀性能差等缺点。BFRP 筋还具有低松弛的特性，可降低混凝土徐变、收缩和预应力松弛引起的预应力损失，是较理想的预应力材料。但是 BFRP 筋抗剪强度低，用于体外预应力结构中不宜布置成折线型。

传统预应力加固技术多是将筋锚固在端部，这需要体外预应力筋的弯起和布置转向块。但是转向块的布置增加了施工的复杂性,并且为加固后的力学分析增加了难度,转向块的设计好坏对结构的加固效果影响很大。在实际工程中,由于梁端部操作空间的限制,将锚固放在两端增加了张拉的难度,其至操作空间不足。考虑 BFRP 筋特性及施工工艺,本书提出了局部加固混凝土梁的概念,将锚固端置于梁支座旁边,这样预应力筋不需要弯起,减少了施工难度。本书通过 9 根梁静载试验证明局部加固是可行的,建立了加固梁承载力计算方法,并通过 ANSYS 有限元分析程序对试验梁进行了非线性分析。

第 14 章　BFRP 筋预应力加固钢筋混凝土梁的试验设计

14.1　试验的目的及内容

考虑到实际工程中经常遇到的各种因素对 BFRP 筋预应力加固钢筋混凝土梁抗弯能力的影响,结合本章提出的局部加固的思路,本书研究的主要内容如下。

(1)得出 BFRP 筋加固钢筋混凝土受弯构件的受力性能及加固效果,主要有加固后梁的变形和抗裂性能、破坏模式和极限承载力等。

(2)分析 BFRP 筋预应力加固法对梁受弯破坏时刚度、破坏形态和裂缝分布的影响。比较不同数量 BFRP 筋及不同预应力对加固梁的影响,从而比较其加固效果。

(3)对 BFRP 加固梁受力全过程进行分析,推导出加固钢筋混凝土受弯构件不同破坏形态正截面极限承载力的理论计算公式。

(4)利用 ANSYS 有限元分析程序对 BFRP 加固钢筋混凝土受弯性能进行非线性分析,并与试验结果相对比。

14.2　试验梁的设计

14.2.1　试件设计

根据《混凝土结构设计规范》中的有关规定,本次试验一共制作了 9 根试验梁。试验梁均为矩形简支梁,分成 3 组,每组均为 3 根梁,截面尺寸均为 $b \times h = 120 \text{ mm} \times 200 \text{ mm}$,跨度 $l = 2200 \text{ mm}$,净跨 $l_0 = 2000 \text{ mm}$。其中,Ⅰ 组梁为对比梁,其他为加固梁,各组梁的配筋均相同,试件设计参数及配筋详见图 14-1 和表 14-1。

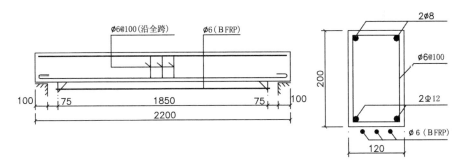

图 14-1　试件配筋祥图

表 14-1　试件名细表

编号	截面尺寸 （mm×mm）	试件长度 （mm）	计算长度 （mm）	加固区长度 （mm）	预应力 /σ_y	预应力 筋数量	是否 浇砂浆
Ⅰ	120×200	2200	2000	0	0	0	否
Ⅱ1					42%		是
Ⅱ2	120×200	2200	2000	1850	42%	3	否
Ⅱ3					43%		否
Ⅲ1					44%		是
Ⅲ2	120×200	2200	2000	1850	48%	2	否
Ⅲ3					47%		否

14.2.2　所选材料的力学性能指标

1. 混凝土

试验所配制的混凝土设计强度等级为 C20,在最初浇注混凝土时特地浇注了 3 个 150 mm×150 mm×150 mm 的混凝土试块,在养护 28 天之后测试出混凝土立方体抗压强度如表 14-2 所示。

表 14-2　混凝土立方体抗压强度

试块编号	1	2	3	平均强度
Fcu(MPa)	24.8	24.6	25.2	24.8

2. 钢筋的实测指标(表 14-3)

表 14-3　钢筋实测指标

钢筋级别	直径 (mm)	截面强度 (mm²)	屈服强度 (MPa)	极限强度 (MPa)	强度标准值 (MPa)
I	6	28.3	396	539	235
I	8	50.3	355	462	235
II	12	113.04	378	564	335

3. BFRP 的材性

BFRP 材料采用横店集团上海俄金玄武岩纤维公司生产的连续玄武岩纤维单向筋,结构胶采用武汉长江加固有限责任公司的产品。BFRP 筋的指标由试件经过抗拉试验测得,检测结果如表 14-4 和表 14-5 所示。

表 14-4　BFRP 试件实测指标

截面面积(mm²)	抗拉强度(MPa)	弹性模量(GPa)	延伸率
28.26	698.87	37.4	1.85%

表 14-5　长江加固公司提供的结构胶指标

粘结正拉强度(MPa)	抗压强度(MPa)	抗拉强度(MPa)	抗折强度(MPa)
$\geqslant \max(2.5, f_{tk})$	$\geqslant 70$	$\geqslant 30$	$\geqslant 40$

14.3　BFRP 筋张拉及试验加载方案

14.3.1　BFRP 筋张拉处理

试验中 II 和 III 组分别是在梁底加 3 根和 2 根预应力 BFRP 筋,鉴于加固长度为 1850 mm,BFRP 筋的下料长度为 1880 mm。张拉前将筋两端用特定结构胶锚固于特制的套筒内,待胶达到一定强度后,方可进行张拉。BFRP 筋的预应力是通过扭力扳手施加的,同时通过筋上的应变片来估计预应力的大小。由于所要施加的预应力较大,再加上锚具之间的摩擦,故在实际施加预应力时采用普通扳手加力,通过筋上的应变片来控制力的大小。预应力筋张拉见图 14-2。

由于有 2 根加固梁需要浇注砂浆,故在张拉控制前须对筋进行糙化处理,增大筋与砂浆的接触面积,使两者更好地共同工作。

图 14-2　预应力筋张拉装置图

14.3.2　试验加载方案

本次试验的加载方式为反向两点加载,加载距离为 500 mm,由工字型钢分配梁来实现两点加载,加载方案采用连续加载。加载装置见图 14-3。

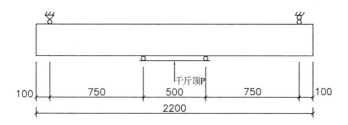

图 14-3　试验加载装置图

根据规范和相关资料,连续玄武岩纤维筋加固钢筋混凝土梁受弯承载力极限状态的标志为出现以下现象之一即可,也就是说出现以下现象之一加载就可以终止。

(1)主筋处裂缝宽度达到 1.5 mm。

(2)构件的跨中挠度达到跨度的 1/50。

（3）受压区混凝土被压碎。

（4）受拉钢筋被拉断。

（5）BFRP 筋被拉断。

14.4 试验观测内容及数据采集方案

本次试验一共浇注了 9 根试验梁，其中Ⅰ组是对比梁，用于比较加固效果，Ⅱ和Ⅲ组分别是在梁底加 3 根和 2 根预应力 BFRP 筋的试件，用以比较不同根数的加固效果，并为以后计算理论的推导提供试验依据。

根据试验研究目的，在实验过程中重点观测内容和数据采集方案如下。

（1）观察裂缝出现展开的过程和形态，量测在使用荷载下的裂缝间距和裂缝宽度。

（2）为了了解在加载过程中各材料的受力变化情况，在试验梁的纯弯段混凝土表面、钢筋中间和 BFRP 筋中间粘贴应变片，以测量其在试验过程中的应变变化。受拉纵筋的应变片在混凝土浇筑前粘贴，再通过静态电阻应变仪 3816 记录各级荷载下的应变值。

（3）在混凝土开裂前及开裂后量测跨中纯弯区段截面各点应变，以验证平截面假定。

（4）纯弯区段的挠度和荷载值分别由位移计和荷载传感器，将信号经 3816 型静态应变仪和电脑记录数据。

试验梁的跨中 0.5 m 区段为纯弯段，所以应变片都需要布置在此处。要求贴在钢筋表面的应变片在混凝土浇筑前预先粘贴，混凝土表面的应变片在加 BFRP 筋前粘贴，BFRP 筋上的应变片在加预应力前粘贴。在粘贴过程中要随时检查应变片的质量，做到防潮、绝缘、回路畅通，应变片及测点布置方式如图 14-4 所示。

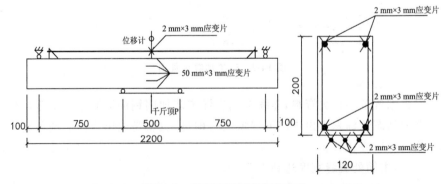

图 14-4 应变片及测点布置方式

第 15 章　试验结果分析

本试验为对 6 根 BFRP 筋预应力加固梁和 3 根普通混凝土对比梁的静载试验,通过对比其破坏过程和试验数据,对 BFRP 筋预应力加固混凝土梁的抗弯性能进行了分析。

15.1　试验梁的破坏特征

对比梁Ⅰ:为典型的适筋梁破坏模式。随着荷载的增加,首先是在受拉区跨中出现竖向裂缝,随着荷载的增加,裂缝不断开展,挠度不断增加;当受拉区钢筋达到屈服后,荷载不再增加,但是裂缝和挠度迅速发展;当受拉区钢筋进入加强阶段后,荷载略有增加,但是由于挠度的迅速开张,混凝土受压区的减小,最终纯弯段受压区混凝土发生破坏。裂缝发展和破坏形如图 15-1 所示。

图 15-1　梁Ⅰ2 的裂缝发展和破坏形式

3φBFRP 筋预应力加固梁Ⅱ1:该梁是模拟工程中在体外筋加固后再喷砂浆的情况,砂浆的厚度为 50 mm,砂浆采用韩国多功能复合砂浆。当加载到 27 kN 左右时,砂浆层出现细小裂缝,且裂缝沿高度迅速开展;当荷载在 36 kN 左右时,纯弯段受拉区混凝土开裂。钢筋屈服时,混凝土裂缝有较大的发展,但主要集中在纯弯段;当荷载增大到一定程度,在纯弯段外两侧,出现明显的 45°角斜裂缝,梁挠度迅速增大,靠近支座一端筋被突然拉断,砂浆层被拔起,此时纯弯段一端靠近支座处受压混凝土有轻微压碎。导致该破坏形式的原因是梁受力不均匀,使得上层砂浆的变形也不均匀,砂浆层与混凝土的变形不协调。该梁裂缝发展及破坏形式如图 15-2、图 15-3 所示。

图 15-2　梁Ⅱ1 裂缝的发展

图 15-3　梁Ⅱ1 破坏形式

　　3φBFRP 筋预应力加固梁Ⅱ2、3：该梁的加固长度为 1850 mm，没有浇砂浆，属于体外预应力加固。随着荷载的增加首先在纯弯段受拉区混凝土产生裂缝，随后裂缝不断向梁高深入，且向梁两边扩展；当受拉钢筋达到屈服后，裂缝有较大的发展，并且主要集中在纯弯段，裂缝的数量不多；当荷载继续增大时，梁挠度迅速增加，最终导致纯弯段受压区混凝土压碎，试验终止。在整个加载过程中，3 根 BFRP 筋应变较大，但并没有拉断，在试验停止几分钟后第一根筋才被拉断。这主要是由于 3 根筋应力重新分布，导致第一根筋应力集中，应力突然增大到极限应力所致。在试验过程中，由于预应力筋力较大，锚具有一定的拔起。裂缝发展和破坏形式如图 15-4～图 15-7 所示。

图 15-4　梁Ⅱ2 裂缝的发展

图 15-5　梁Ⅱ2 的破坏形式

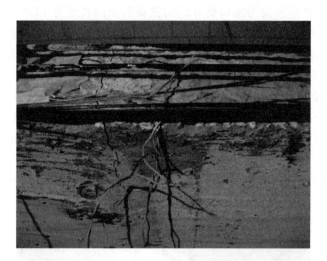

图 15-6　梁Ⅱ2 第一根筋被拉断

图 15-7　梁Ⅱ3 裂缝的发展及破坏形式

　　预应力 2φBFRP 筋加固梁Ⅲ1：该梁在 BFRP 筋施加预应力后在其上浇注了 50 mm 厚的韩国砂浆。该加固梁与Ⅱ1 相比，砂浆及混凝土的开裂荷载均低，当荷载达到 26 kN 左右时，受拉混凝土就已经开裂；随着荷载的增加，在纯弯段外两侧出现 45°的斜裂缝；最后 2 根 BFRP 筋同时拉断，试验结束。此时受压区混凝土没有被压碎，整个加载过程砂浆与混凝土接触良好。造成该现象的原因是预应力过大，或者是预应力筋配筋率太小导致预应力筋先于受压混凝土破坏。

　　预应力 2φBFRP 筋加固梁Ⅲ2：该梁属于体外预应力加固情况。相比于Ⅱ2,受拉区混凝土更早开裂,裂缝的开展两者相似,裂缝主要集中在纯弯段,且裂缝数量不多,细小的裂缝较少。当荷载增大到一定程度,1 根 BFRP筋突然被拉断,梁挠度增加迅速,使得受压区混凝土压碎,试验结束。裂缝发展和破坏形式如图 15-8、图 15-9 所示。

图 15-8　梁Ⅲ2 裂缝的开展

图 15-9　梁Ⅲ2 破坏形式

预应力 2φBFRP 筋加固梁Ⅲ3:该梁与Ⅲ2 情况相似,不同的是该梁预应力筋并没有被拉断,而是其中 1 根筋突然从锚具中拔出,致使承载力下降,挠度增加,受压区混凝土压碎。破坏形式如图 15-10、图 15-11 所示。

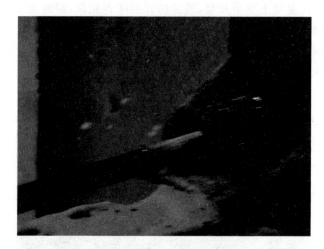

图 15-10　梁Ⅲ3 破坏形式 1

图 15-11　梁Ⅲ3 破坏形式 2

破坏过程小结如下。

（1）相同数量预应力筋加固，破坏特征也相似。3 根预应力加固梁破坏形式是混凝土先压碎，再预应力筋拉断；而 2 根筋加固梁是以预应力筋先拉断、后混凝土压碎为破坏特征。

（2）加固梁的开裂时间均比对比梁的晚，且裂缝较细，这说明预应力加固达到了预期的效果。

（3）所有加固梁内非预应力筋达到屈服后，梁仍承受较大的力，此时梁内受拉钢筋的变形不断增长，垂直裂缝迅速开展。除梁Ⅲ1 外，所有加固梁受压曲混凝土的应变最后达到极限应变而压碎。

15.2　承载力分析

15.2.1　荷载分析

本次试验中Ⅱ组和Ⅲ组分别是 3 根与 2 根 BFRP 加固梁,每组梁中有 2 根梁不浇砂浆,纯属体外预应力加固;有 1 根浇注了砂浆,且每组试验梁施加得预应力度都有所不同。在各种不同特征下进行对比,得出对比结果如表 15-1 所示。

表 15-1　试验承载力及提高情况

梁编号	开裂荷载(kN)		屈服荷载(kN)		破坏荷载(kN)		破坏特征	备注	
	分别	提高	分别	提高	分别	提高		筋数	预应力/σ_y
Ⅰ1	10.88		39.05		41.43		适筋梁破坏	未加固	
Ⅰ2	10.31	—	33.02	—	38.89	—	适筋梁破坏		
Ⅰ3	9.78		32.06		34.6		适筋梁破坏		
Ⅱ1	23.81	130.6%	58.10	67.4%	69.3	80.7%	BFRP 筋被拉断	3根 BFRP	42%
Ⅱ2	20.79	101.4%	42.54	22.6%	60.79	58.5%	混凝土压碎		42%
Ⅱ3	21.11	104.5%	51.27	47.7%	67.25	75.3%	混凝土压碎		43%
Ⅲ1	22.22	115.2%	48.10	38.6%	57.14	49%	BFRP 筋拉断	3根 BFRP	44%
Ⅲ2	19.52	89.1%	45.24	30.3%	58.4	52.2%	BFRP 筋拉断		48%
Ⅲ3	20.32	96.8%	42.7	23%	57.14	49%	BFRP 筋从锚具中拔出		47%

由以上数据可以得到以下结论。

1. 开裂荷载

由于在试验中难以精确获得构件出现第一条裂缝的荷载值,故以荷载—挠度曲线第一个拐点值作为构件的开裂荷载。由表可得,两组加固梁的开裂荷载都比未加固的对比梁有较大提高,加固方案不同,开裂荷载的提高程度也不同。梁Ⅱ1与梁Ⅲ1浇注了砂浆增大截面,两根梁的开裂荷载增大也最大,Ⅱ1增大了130.6%,Ⅲ1增大了115.2%,可见增大截面也能相应地推迟混凝土的开裂,增大开裂荷载。不浇砂浆的体外预应力加固梁中,3根BFRP筋的加固梁Ⅱ比2根BFRP筋的加固梁Ⅲ提高的幅度大,由于Ⅱ组的总预应力比Ⅲ组的大,可见开裂荷载的提高幅度与施加于梁的总预应力的大小有关,但两者相差不大。总体来说,BFEP筋预应力加固混凝土梁,能够约束和推迟混凝土裂缝的出现,较大提高混凝土开裂荷载。

2. 屈服荷载

受拉区非预应力钢筋的屈服点荷载是体外BFRP筋预应力加固混凝土梁的一个重要参数,是构件刚度变化的一个转折点,也是体外预应力加固梁设计的重要依据。该荷载值可通过钢筋上的应变片反映出的数值来确定,也可以以荷载—挠度曲线出现第二个拐点时的荷载值,作为构件的屈服荷载,本章选前者,以受拉钢筋应变达1700 $\mu\varepsilon$ 作为屈服点。两组加固方案屈服荷载的提高效果比较明显,最大分别达到了67.4%和38.6%。但是屈服荷载的提高不能完全作为衡量加固补强效果的标准,因为屈服荷载是混凝土梁内钢筋应力达到其屈服强度的反映。无论在梁上加不加预应力筋,只要混凝土梁内钢筋的应力达到其固有值,就会出现屈服。梁上加上预应力筋只是推迟或者提高钢筋达到屈服的荷载,筋越多、预应力越大,推迟钢筋屈服的荷载就高,但是并不能消除钢筋屈服这一固有特性,也不能提高或减少钢筋本身屈服强度。因此,衡量预应力筋加固效果的标准应该是开裂荷载和破坏荷载的提高。

3. 破坏荷载

两组加固梁与对比梁相比较,破坏荷载都有较大的提高,基本反映了加固效果。从钢筋屈服到梁破坏的过程来看,对比梁的承载力基本没有提高,但是加固梁的提高却是很明显的,Ⅱ组梁最大增加了18.25 kN,Ⅲ组最大增加了14.44 kN。这主要是因为BFRP筋的高强度特性,钢筋屈服后,纤维筋仍处于弹性阶段,还蕴藏着很大的强度储备,仍能承受荷载,直到纤维被拉断。从整个加固效果来看,3φBFRP筋加固的梁比2φBFRP筋加固梁,破坏荷载的提高幅度要大,这主要是因为Ⅱ组的纤维筋比Ⅲ组多,而在计算破坏荷载时,预应力基本相同的情况下,承载力只与预应力筋的数量有关。

15.2.2 影响因素分析

本次试验中影响加固效果的因素主要有预应力筋的数量、施加预应力的大小、是否浇砂浆增大截面。

(1)预应力筋的数量。本次试验中 Ⅱ 组采用 3φBFRP 筋加固，Ⅲ 组采用 2φBFRP 筋加固，即 Ⅱ 的强度储备为 3×19.8＝59.4 kN，Ⅲ 组的强度储备为 2×19.8－39.6 kN。两者有　定差距。从表 15 1 可以看山，在承载力提高方面 Ⅱ 组比 Ⅲ 组稍好，但差距不大。这主要是因为 Ⅱ 组的破坏形式是受压区混凝土压碎，筋没被拉断；而 Ⅲ 组的破坏是始自 BFRP 筋拉断，属于典型适筋破坏形态，Ⅱ 组没有充分利用好 BFRP 筋的高强度特点。

(2)预应力的大小。本次试验中由于试验设备的限制、施加预应力时的危险性，每根梁的预应力度基本在 42％～48％ 的最大荷载，相差不大。Ⅱ 组梁的平均预应力为 3×42％×19.8＝24.95 kN，Ⅲ 组的平均预应力为 2×47％×19.8＝18.6 kN。

(3)是否浇砂浆增大截面。从试验结果整体分析来看，浇注砂浆可一定程度提高梁的承载力。加固梁中每组有 1 根梁采用浇注砂浆增大截面的方法，砂浆在锚具间浇注，长度为 1850 mm，厚度为 50 mm。从开裂荷载来看，Ⅱ 组：(23.81～20.95)/20.95＝13.65％，Ⅲ 组：(22.22～19.92)/19.92＝11.55％；屈服荷载：Ⅱ 组最大提高了 19.7％，Ⅲ 组最大提高了 8.2％；极限荷载：Ⅱ 组最大提高了 8.2％，Ⅲ 组降低了 1.1％。Ⅲ 组出现承载力低的情况主要是因为该梁预应力过大或是预应力筋配筋小，造成预应力筋拉断时受压混凝土仍没有压碎。

15.3　荷载—挠度曲线分析

从加载过程中梁沿长度方向的挠度曲线，我们可以看出无论是对比梁还是加固后的梁，在荷载作用下梁的挠度均是跨中最大，向两边逐渐减小，各梁的跨中挠度曲线示意图如图 15-12～图 15-16 所示。各梁在最大荷载下所对应的挠度如表 15-2 所示。

表 15-2　各梁最大荷载下对应的挠度

梁编号	Ⅰ 1	Ⅰ 2	Ⅰ 3	Ⅱ 1	Ⅱ 2	Ⅱ 3	Ⅲ 1	Ⅲ 2	Ⅲ 3
最大荷载(kN)	41.43	38.89	34.6	77.3	60.79	68.25	57.14	62.54	57.14
挠度(mm)	21.0	33.57	24.7	20.63	19.83	24.47	19.26	21.67	18.83

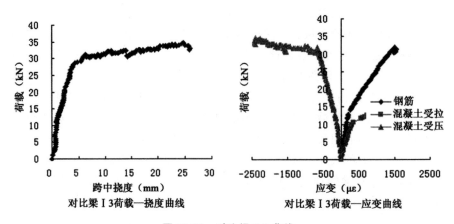

对比梁Ⅰ3荷载—挠度曲线   对比梁Ⅰ3荷载—应变曲线

图 15-12 对比梁Ⅰ3曲线

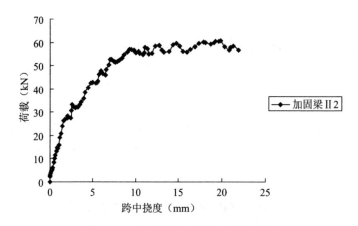

图 15-13 加固梁Ⅱ2荷载—挠度曲线

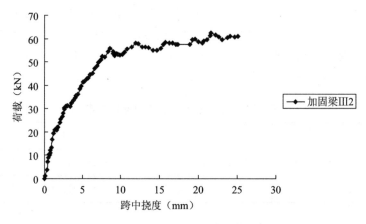

图 15-14 加固梁Ⅲ2荷载—挠度曲线

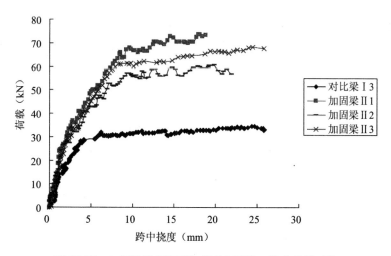

图 15-15　加固梁Ⅱ组与对比梁Ⅰ3荷载—挠度曲线对比

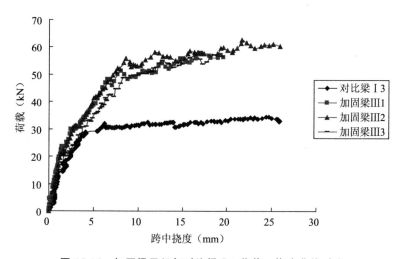

图 15-16　加固梁Ⅲ组与对比梁Ⅰ3荷载—挠度曲线对比

由以上图形可以看出,BFRP筋预应力加固混凝土梁的荷载—挠度曲线大体上可以分为3个受力阶段,有2个拐点:第一个拐点是由于混凝土开裂引起的,对应混凝土的开裂荷载;第二个拐点是由于非预应力钢筋的屈服引起的,对应梁的屈服荷载。

在加载初期,构件处于弹性状态,构件的挠度随着荷载的增加而增长,但增长速率很小,荷载—挠度曲线呈线性状态;当荷载接近开裂荷载时,受拉区混凝土进入塑性状态,荷载—挠度曲线开始偏离原直线;当构件开裂后,受拉区混凝土逐渐退出工作,截面的拉应力完全由非预应力钢筋和预应力 BFRP 筋来承担,构件的截面刚度减小,挠度增长速率加快,荷载—挠度曲线出现第一个拐点,此后的曲线斜率相对开裂前要小一些,但曲线大体仍呈直线状态。当荷载继续增加,非预应力钢筋应变不断增大;当达到受拉屈服点时,钢筋所承受的应力不再增加,继续增加的荷载必须全部由 BFRP 筋来承担,而且 BFRP 筋弹性模量较钢筋要小,导致构件截面的刚度下降,挠度增长速率开始加快,荷载—挠度曲线出现第二个拐点,此后的曲线斜率相对非预应力钢筋屈服前又要小许多,但曲线大体仍可近似看作呈直线状态。浇注砂浆的加固梁与体外加固梁的荷载—挠度曲线基本一致,可见砂浆层对刚度的影响很小。

对比梁Ⅰ3由于没有施加预应力的 BFRP 筋,所以它的两个拐点的出现都要较其他构件早,之后曲线的变化与其他加固构件相似,也呈直线状态。但是由于它整体刚度要小于加固构件,所以直线段的斜率也要小于其他加固构件。

15.4　刚度分析

受力过程中刚度大小可通过荷载—挠度曲线的斜率考查。由图 15-15、图 15-16 可知,在混凝土开裂前,加固梁与对比梁的刚度相差不大,说明 BFRP 筋参与横截面刚度计算对刚度的提高影响不大。在带裂缝工作阶段,BFRP 筋对刚度的影响从两方面考虑:

(1)BFRP 参与横截面刚度计算,提高了梁的刚度。

(2)BFRP 限制了裂缝的开展,提高了梁的刚度。此为主要影响因素,尤其是钢筋屈服后的第三阶段,未加固梁的裂缝开展迅速,刚度急剧下降呈水平状;而加固后的梁刚度在突降一定值后趋于稳定,可见钢筋屈服后 BFRP 对梁的刚度有显著的提高。

15.5　BFRP 筋及钢筋应变分析

以下以Ⅱ2和Ⅲ2梁为例,绘制了受拉钢筋以及 BFRP 筋的荷载—应变曲线。

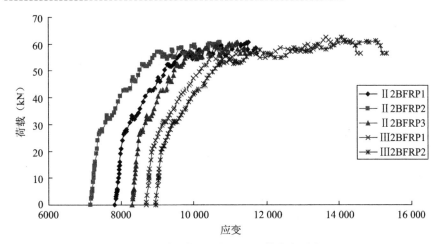

图 15-17 Ⅱ2 与Ⅲ2 梁 BFRP 筋应变对比图

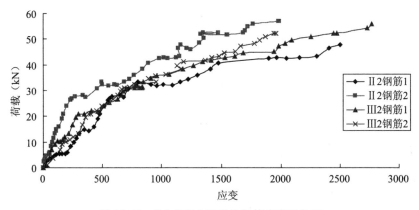

图 15-18 Ⅱ2 与Ⅲ2 梁受拉钢筋应变对比图

由图 15-17、图 15-18 可以看出以下几点。

两根梁的 BFRP 筋应变曲线大体分 3 个阶段,有 2 个拐点:第一个拐点是由受拉混凝土开裂引起的,另一个拐点是由受拉钢筋屈服引起的。而钢筋应变曲线只有一个拐点,就是由混凝土开裂引起的。

由于施加了预应力,BFRP 筋从一加载就开始受力,避免了应力滞后的现象。加载初期,随着荷载的施加,BFRP 和钢筋的应变迅速增加;构件开裂后,由于受拉混凝土退出工作,BFRP 和钢筋的应变增长速度有了较大的提高,钢筋的应变直线增加直至屈服,此时 BFRP 的应变曲线出现了第二个拐点;钢筋屈服后,只有 BFRP 承受拉力,由于挠度的不断增加,BFRP 的应变增长速度进一步加大,基本呈现水平状态,直至筋拉断。

钢筋的应变图中,只有一个拐点,即混凝土开裂引起的。随着荷载的增加,应变不断增大,直至屈服破坏。

15.6　截面跨中应变分布

加固梁跨中截面应变分布如图 15-19～图 15-22 所示。

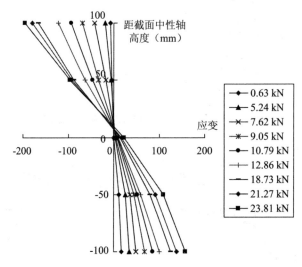

图 15-19　Ⅱ1 梁混凝土开裂前跨中截面应变分布

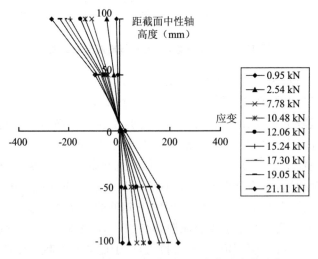

图 15-20　Ⅱ3 梁混凝土开裂前跨中截面应变分布

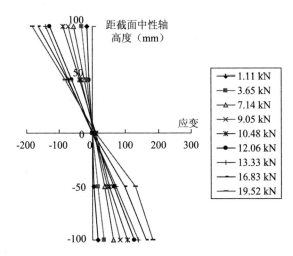

图 15-21　Ⅲ2 梁混凝土开裂前跨中截面应变分布

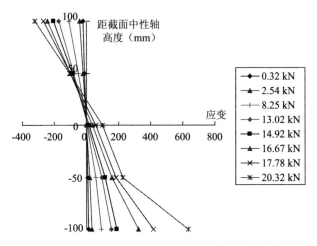

图 15-22　Ⅲ3 梁混凝土开裂前跨中截面应变分布

由图 15-19～图 15-22 可见,试验梁的混凝土跨中截面沿梁高的平均应变能较好地符合平截面假定,与大量文献的试验结论一致,这说明了本次试验的正确性。从构件开始加载到破坏过程中,加固梁的混凝土跨中截面沿梁高的平均应变仍能较好地符合平截面假定,因而载加固梁的正截面承载力分析和理论计算过程中能将平截面假定作为一个基本假定。梁Ⅱ2 和Ⅲ1 由于各种原因,并没有得到关于梁的跨中截面应变分布情况。但是Ⅱ2 与Ⅱ3、Ⅲ2、Ⅲ3 的加固情况类似,Ⅲ1 与Ⅱ1 的情况类似,根据以上 4 根梁的试验结果,Ⅱ2 和Ⅲ1 也基本符合平截面假定。

第 16 章　BFRP 预应力加固梁正截面承载力理论分析

16.1　BFRP 加固梁的破坏形态

BFRP 筋预应力加固由于 BFRP 自始至终参与了抗弯受力,所以它起到了和钢筋混凝土中钢筋一样的作用,但是由于 BFRP 筋是通过砂浆与原混凝土表面的牢固粘结来参与抗弯的,或是通过锚具来传递的。所以在传力机制上又和钢筋混凝土不一样。根据试验研究和文献记载,BFRP 筋受弯加固有以下 5 种破坏形态。

(1)超筋破坏,即在受拉钢筋达到屈服前受压区混凝土压坏。

(2)适筋破坏Ⅰ,即钢筋屈服后受压区混凝土压坏,而此时 BFRP 筋未达到极限拉应变。

(3)适筋破坏Ⅱ,即钢筋屈服后 BFRP 筋达到极限拉应变拉断,而此时受压区混凝土尚未压坏。

(4)保护层混凝土剪切受拉剥离破坏,即粘结破坏。

(5)砂浆与混凝土基层间粘结剥离破坏,即混凝土—砂浆剥离破坏。

当 BFRP 筋加固量过大,且有可靠锚固时,会引起超筋破坏。这种 BFRP 筋的应力仅达到其极限抗拉强度的 1/8 左右,其强度远未得到充分发挥,且破坏时的脆性性质显著,应予避免,通常通过限制 BFRP 筋的加固量来控制。

保护层混凝土剪切受拉剥离破坏是由于混凝土强度较低引起的,而砂浆与混凝土基层间的粘结剥离破坏是由于粘结材料强度较低引起的。这两种剥离破坏都具有显著的脆性,在应用中也应予以避免,通常通过构造措施规定最小混凝土强度,采用优质粘结材料和保证施工粘结质量来控制。

从试验情况来看,本次试验的破坏情况主要有适筋破坏Ⅰ、适筋破坏Ⅱ,因此 BFRP 筋受弯加固构件正截面受弯承载力计算主要针对这两种情况进行。

16.2　基本假定

（1）无论在弹性阶段还是在极限状态，主梁的变形均符合平截面假定。

（2）不考虑体外筋的摩阻损失，并设体外筋的应力沿其长度大小相同。

（3）各材料的本构关系曲线如图 16-1 所示。混凝土受压时的应力应变关系采用二次抛物线及水平直线组成的曲线[图 16-1(a)]。普通钢筋采用简化的理想弹塑性应力应变关系[图 16-1(b)]。BFRP 筋采用直线型的应力应变关系[图 16-1(c)]。

混凝土曲线在上升段：$\sigma_c = f_c \left[1 - \left(1 - \dfrac{\varepsilon_c}{\varepsilon_{c0}} \right)^2 \right] (0 \leqslant \varepsilon_c \leqslant 0.002)$；

在水平段：$\sigma_c = f_c (0.002 \leqslant \varepsilon_c \leqslant 0.0033)$。

（4）梁的失效状态为受弯破坏。

（5）梁体配筋适当，破坏模式：计算分析时，仅考虑混凝土被压碎和 BFRP 筋被拉断两种破坏形式。

（6）不考虑混凝土的抗拉强度，忽略其收缩和徐变。

（7）不考虑剪切变形。

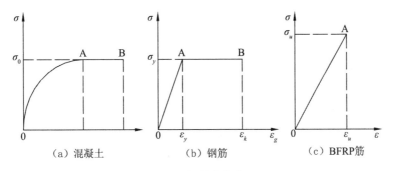

图 16-1　材料本构关系

16.3　考虑二次效应的体外预应力加固梁极限承载力计算方法

预应力筋布置于混凝土截面之外的体外预应力技术已在混凝土结构中得到广泛应用，并且成为加固既有混凝土结构最有效的方法之一。由于除在锚固和转向区外,无粘结的体外预应力筋与梁体混凝土可产生自由的相对运动,体外筋与混凝土截面之间的变形不再协调,因此体外预应力混凝土梁的极限状态不能通过控制截面平面变形分析的方法计算,体外预应力筋的应力增量(Δf_{pe})只能通过结构的总体变形求得。同时,由于梁体受弯变形后产生的挠度会使体外预应力筋的有效偏心距减小,降低体外钢筋的作用,即产生二次影响;对于未开裂的混凝土梁,因梁体挠度相对较小,二次影响的作用可以忽略;但对于体外钢筋自由长度较大梁,由于极限状态下梁体挠度大,二次影响的程度也随之加大,所以计算中必须加以考虑。正是基于这一原因,大多数欧洲国家的规范规定:除进行可靠的分析计算外,在计算体外预应力混凝土梁的极限状态时一般不考虑体外钢筋的应力增量。由于我国对体外预应力结构的研究工作开展的较少,因此各类规范中尚无体外预应力混凝土梁计算的建议方法。为在我国推广应用这一新技术,铁道部科学研究院曾于1992年进行了一批体外预应力混凝土梁的试验。利用试验结果,建立了体外预应力混凝土梁全过程非线性分析的计算方法和相应的计算机程序。在此基础上,经过一些合理的简化,提出了体外预应力混凝土梁极限状态的计算方法。

16.3.1 受弯构件正截面承载力计算特点

有粘结预应力混凝土受弯构件的分析方法已较为成熟,各国规范均已给出相应的简化公式以计算极限状态下有粘结预应力筋的应力。建议这些简化公式的主要假定是混凝土与有粘结筋间的应变协调。有粘结筋的应力在不同截面之间是变化的,其大小主要取决于截面特性和该截面受力情况。

体外预应力混凝土结构的预应力筋与混凝土土不粘结在一起,只在锚固端和转向块的位置与混凝土相连,体外力筋的应力、应变与这些点的位置变化密切相关。在计算中,应变协调条件不再适用,单纯依靠截面特性不足以确定力筋应力,体外力筋的应力是取决于整个构件的受力特性,需要求得锚固端和转向块处的变形才能确定。体外力筋的变形是由两个锚固点间的变形累积而成的,如果忽略转向装置处的摩擦影响,那么力筋的应变在两相邻锚固点间是均匀的。如图16-2所示,跨中受集中荷载预应力简支梁,当采用有粘结预应力的时候,在最大弯矩位置——跨中截面处力筋产生最大应变;采用只在两端锚固的体外需应力直线筋时,力筋应变只有有粘结预应力筋最大应变的一半(此处仅绘出了由外荷载引起的力筋应变,且未考虑偏心距损失的影响)[17]。这样在通常设计中的控制截面破坏时,体外预应力筋的应力达不到设计强度。因此,体外预应力混凝土梁的抗弯极限承载力要比相应的有粘结预应力混凝土梁低。

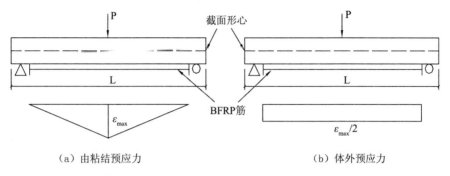

（a）由粘结预应力　　　　　　　　　　（b）体外预应力

图 16-2　预应力筋应变分布

　　试验与理论分析都证实：在混凝土开裂之前，体外预应力结构的受力性能与有粘结梁相似，但在混凝土开裂后则明显不同，平截面变形假定只适用于混凝土梁体的平均变形，而不适用于力筋。对适筋梁来说，由于在梁破坏时力筋的极限应力达不到其抗拉极限强度，因此破坏时更显脆性。

　　除了在锚固端和转向装置处外，体外预应力筋与梁体在竖向还将产生相对位移，使体外预应力筋的有效偏心距减小，即产生二次效应。对于未开裂的混凝土梁。其刚度较大，受力后挠度较小，忽略二次效应不会对计算结果产生较大影响。但是当混凝土梁开裂之后。由于梁体挠度增大，二次效应的影响程度也随之加大，此时体外预应力梁的荷载—变形关系同时受材料非线性和几何非线性的影响。

　　体外预应力混凝土结构通常采用部分预应力，试验结果已表明，体外预应力混凝土梁荷载—变形关系大致分为 3 个阶段：开裂前弹性阶段、开裂后弹性阶段、非线性阶段。在各阶段中，实测混凝土梁截面的应变都能较好地符合平截面关系；在非线性阶段，梁都具有较好的延性，挠度增长快，并产生大量的裂缝，最后由于混凝土压碎而导致破坏；实测梁体截面边缘混凝土的最大压应变介于 0.0025～0.004。由此可见，体外预应力混凝土梁的弯曲性能和破坏形式与普通的部分预应力混凝土梁比较接近，主要差别体现在力筋的应力增量和二次效应的影响上。

16.3.2　极限承载力计算

　　局部体外预应力筋与混凝土梁在相同截面上应变不协调，梁体受弯变形后产生的挠度会使体外预应力 BFRP 筋的有效偏心距减小，降低预应力筋的作用，即产生二次效应。牛斌基于塑性铰理论提出了体外预应力混凝土梁极限状态的计算方法。假定体外预应力混凝土梁极限状态下的弯矩可由普通混凝土受弯构件的极限弯矩计算公式修改得到：

$$M_u = A_s f_y (d - x/2) + A_p f_{ps} (d_p - x/2 - \Delta) \tag{16.3.1}$$

式中 Δ 为梁计算截面的挠度与体外筋锚固或转向点挠度的差值。

极限状态下体外预应力筋的应力由下式给出：

$$f_{ps} = f_{pe} + \Delta f_{ps} \tag{16.3.2}$$

$$\Delta f_{ps} = (\Delta L_P / L_P) E_p \tag{16.3.3}$$

大量混凝土梁破坏试验结果表明：在梁普通钢筋屈服后至破坏前,梁弯矩较大的区域将出现塑性铰或塑性区段,梁体的变形主要发生于塑性铰附近,体外预应力混凝土梁在破坏前亦有类似情况出现,此时梁的曲率分布如图 16-3 所示。

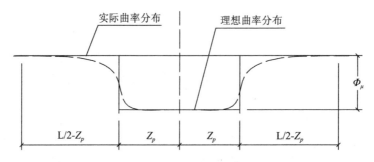

图 16-3 体外预应力梁极限状态曲率分布

根据图 16-3 的假设及塑性铰理论,体外预应力混凝土梁极限状态下曲率、转角和跨中挠度的关系可由(16.3.4)式表达：

$$\begin{cases} \varphi_u = \varepsilon_{cu} / c \\ \theta_u = Z_p \times \varphi_u \\ \Delta_u = (L - Z_p) \varphi_u / 2 \end{cases} \tag{16.3.4}$$

式中：c 为极限状态下加固梁矩形截面中性轴高度；Z_p 为塑性铰区长度；L 为梁跨度。

无转向点线形体外预应力混凝土梁的极限状态分析模型如图 16-4 所示。

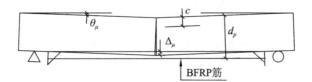

图 16-4 体外预应力梁极限状态分析模型

根据图 16-4,梁极限状态下体外预应力筋长度为:

$$L'_p \approx 2\sin\theta_u (d_p - c) + L_p \cos\theta_u \qquad (16.3.5)$$

考虑到梁体受弯变形后,梁的中性轴将产生弓形缩短,其量值约为 $L(1 - \cos\theta_u)$,则极限状态下体外筋的伸长为:

$$\Delta L_p \approx 2(d_p - c)\theta_u - (L + L_p)\theta_u^2 / 2 \qquad (16.3.6)$$

根据截面内力平衡关系有:$\alpha_1 f_c bx = A_s f_y - A'_s f'_y + A_p(f_{pe} + \Delta f_{ps})$。

引入符号:

$$q_0 = \frac{A_s f_y - A'_s f'_y + A_p f_{pe}}{\alpha_1 f_c b}$$

$$q_e = \frac{2 E_p A_p Z_p \varepsilon_{cu}}{\alpha_1 f_c b L_p}$$

则可得极限状态下体外预应力混凝土梁矩形截面中性轴高度的计算方程:

$$\left. \begin{array}{l} c^3 - Ac^2 - Bc + C = 0 \\ A = q_0 - q_e \\ B = q_e h_p \\ C = (L + L_p) Z_p \varepsilon_{cu} q_e / 4 \end{array} \right\} \qquad (16.3.7)$$

式中:d、d_p 为梁内普通混凝土钢筋及体外预应力 BFRP 筋到上缘的距离。

解出 c 值后,即可得到极限状态下体外预应力 BFRP 筋加固混凝土梁的弯矩值。

16.3.3　塑性铰区长度

通过上一节的讨论可知,如果给出体外预应力梁极限状态下混凝土的压应变和塑性铰区的长度,就可以计算梁的弯矩、挠度和体外预应力筋的应力增量。根据体外预应力梁试验结果,极限状态时梁体混凝土的最大压应变为 $0.002 \sim 0.004$,结合我国和国外各种规范的建议,ε_{cu} 取值 0.003。

塑性铰区的长度应通过体外预应力梁的试验结果确定,但由于试验梁数量有限,考虑到混凝土、钢筋强度和弹性模量的变异,做出的结论并非十分精确。根据以往各种混凝土梁的试验结果,塑性铰区的长度($2Z_p$)可按下式计算:

$$Z_p = 0.5(L_0 + d_e) + 0.005Z \qquad (16.3.8)$$

式中 L_0 为等弯矩区的长度,Z 为剪跨长度。通过分析计算可以发现,该公式对于单点加载的梁较为符合,但对于有纯弯段的梁,计算的挠度、体外筋应力增量均偏大,说明实际的塑性铰区长度小于计算值。

由于无粘结的体外筋与梁体之间可产生相对运动,体外筋的作用可视为外力,因此带有纯弯段的梁在破坏时与压弯构件更为接近,根据同济大学的试验结果,压弯构件的塑性铰区长度与梁体的有效高度接近。根据以上分析,在计算体外预应力梁时,塑性铰区的长度取值为:

$$Z_p = \begin{cases} 0.5d_e + 0.005Z \\ 0.5(L_0 + d_e) \end{cases} \tag{16.3.9}$$

16.4　增大截面加固梁承载力计算

Ⅱ1 与Ⅲ1 加固梁浇注了砂浆,属于有粘结预应力混凝土梁类型。由于浇注了砂浆,在砂浆层脱离前,整个截面服从平截面假定,预应力筋最大弯矩位置——跨中截面处力筋产生最大应变,示意见图 16-5。砂浆厚度为 50 mm,BFRP 筋离混凝土受拉最外边缘 25 mm。两根梁都是以预应力筋被拉断作为破坏特征,根据基本假定 1——截面应变保持平面,极限承载力按《混凝土结构设计规范》(GB50010-2010)正截面受弯承载力计算的规定计算(图 16-5)。

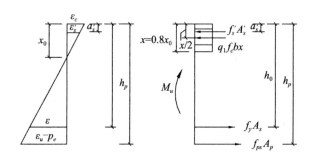

图 16-5　BFRP 筋拉断时截面的应变、应力图

由于 BFRP 拉断时,受压区混凝土的应力状态较为复杂,且截面的受压区高度相对很小,按平截面假定计算的中和轴高度小于 $\dfrac{\varepsilon_{cu}}{\varepsilon_{cu} + \varepsilon_u - \varepsilon_{pe}} h_p$,出于安全因素的考虑,取此时的中和轴高度为 $\dfrac{\varepsilon_{cu}}{\varepsilon_{cu} + \varepsilon_u - \varepsilon_{pe}} h_p$,受压区高度 $x = \beta_1 x_0 = 0.8x_0$。由于受压区高度很小,假定受压钢筋以达到屈服。故承载力的公式为:

$$M_u = f_{ps}A_p\left(h_p - \frac{x}{2}\right) + f_y A_s\left(h_0 - \frac{x}{2}\right) + f_y' A_y'\left(\frac{x}{2} - a_s'\right) \quad (16.4.1)$$

$$\alpha_1 f_c b x = A_y f_y + A_p f_{ps} - A_y' f_y' \quad (16.4.2)$$

式中：M 为极限弯矩值；ε_p 为碳纤维的极限应变，$\varepsilon_p - \dfrac{f_{ps}}{E_p}$；$f_{ps}$ 为 BFRP 筋的极限抗拉强度；x 为混凝土矩形受压区高度。

16.5　理论计算与试验结果的比较

16.5.1　各试验梁的理论承载力

根据上两节提出的理论，对两组加固梁的极限承载力进行计算。由于加固梁的极限承载力只与预应力筋的截面积、有效预应力及破坏特征有关，而Ⅱ2 和Ⅱ3 与Ⅲ2 和Ⅲ3 梁的有效应力相差不大，故Ⅱ2、Ⅱ3、Ⅲ2、Ⅲ3 按 16.3 节提出的塑性铰理论计算；Ⅱ1 与Ⅲ1 浇注了砂浆，按 16.4 节的方法计算，计算结果如下。

1. 塑性铰理论计算

（1）Ⅱ2、Ⅲ3 梁：（3φBFRP）

$Z_p = 0.5(500 + 170) = 335$

$$q_0 = \frac{A_s f_y - A_s' f_y' + A_p f_{pe}}{\alpha_1 f_c b} = \frac{226.08 \times 378 - 100.48 \times 355 + 84.78 \times 300}{1.0 \times 24.8 \times 120}$$

$\quad = 26.273$

$$q_e = \frac{2E_p A_p Z_p \varepsilon_{cu}}{\alpha_1 f_c b L_p} = \frac{2 \times 3.74 \times 10^4 \times 84.78 \times 335 \times 0.003}{1.0 \times 24.8 \times 120 \times 1850} = 1.158$$

$A = q_0 - q_e = 25.116\ B = q_e h_p = 260.459\ C = q_e Z_p \varepsilon_{cu}(L + L_p)/4 = 1120$

截面中性轴方程：$c^3 - 25.116 c^2 - 260.459 c + 1120 = 0$。

解三次方程得：$c = 32.136$

$\phi_u = 0.003/c = 0.003/32.136 = 9.335 \times 10^{-5}$

$\theta_u = \phi_u Z_p = 0.031$

$\Delta_u = \theta_u(L - Z_p)/2 = 26.035$

$\Delta L_p = 2(d_p - c)\theta_u - (L + L_p)\theta_u^2/2 = 10.18$

$\Delta f_{ps} = \Delta L_p E_p / L_p = 205.806\ f_{ps} = f_{pe} + \Delta f_{ps} = 505.806$

最终极限承载力：

$$M_u = A_a f_y \left(d - \frac{c}{2}\right) + A_p f_{ps} \left(d_p - \frac{c}{2} - \Delta_u\right)$$

$$= 21.968 \text{ MPa}$$

(2) Ⅲ组梁：(2φBFRP)

$$Z_p = 0.5(500 + 170) = 335$$

$$q_0 = \frac{A_s f_y - A_s' f_y' + A_p f_{pe}}{\alpha_1 f_c b} = \frac{226.08 \times 378 - 100.48 \times 355 + 56.52 \times 335}{1.0 \times 24.8 \times 120}$$

$$= 23.092$$

$$q_e = \frac{2E_p A_p Z_p \varepsilon_{cu}}{\alpha_1 f_c b L_p} = \frac{2 \times 3.74 \times 10^4 \times 56.52 \times 335 \times 0.003}{1.0 \times 24.8 \times 120 \times 1850} = 0.772$$

$$A = q_0 - q_e = 22.32 \quad B = q_e h_p = 173.639 \quad C = q_e Z_p \varepsilon_{cu}(L + L_p)/4 = 746.504$$

截面中性轴方程：$c^3 - 22.32c^2 - 173.639c + 746.504 = 0$。

解三次方程得：$c = 27.627$

$$\varphi_u = 0.003/c = 0.003/27.627 = 1.086 \times 10^{-5}$$

$$\theta_u = \phi_u Z_p = 0.036$$

$$\Delta_u = \theta_u(L - Z_p)/2 = 30.284$$

$$\Delta L_p = 2(d_p - c)\theta_u - (L + L_p)\theta_u^2/2 = 11.812$$

$$\Delta f_{ps} = \Delta L_p E_p / L_p = 238.8 \quad f_{ps} = f_{pe} + \Delta f_{ps}$$

最终极限承载力：

$$M_u = A_a f_y \left(d - \frac{c}{2}\right) + A_p f_{ps}\left(d_p - \frac{c}{2} - \Delta_u\right)$$

$$= 19.642 \text{ MPa}$$

2. 增大截面加固梁承载力计算

Ⅱ1梁：(3φBFRP)

$$x = \frac{A_y f_y + A_p f_{ps} - A_y' f_y'}{\alpha_1 f_c b} = 36.639$$

最终极限承载力：

$$M_u = A_y f_y(h_0 - x/2) + A_p f_{ps}(d_p - x/2) + A_y' f_y'(x/2 - a_s')$$

$$= 25.4 \text{ MPa}$$

Ⅲ1梁：(2φBFRP)

$$x = \frac{A_y f_y + A_p f_{ps} - A_y' f_y'}{\alpha_1 f_c b} = 30.003$$

最终极限承载力：

$$M_u = A_y f_y (h_0 - x/2) + A_p f_{ps}(d_p - x/2) + A'_y f'_y(x/2 - a'_s)$$
$$= 21.612 \text{ MPa}$$

16.5.2　与试验结果对比分析

试验结果与理论计算结果对比如表 16-1 所示。

表 16-1　结果对比表

编号	Ⅱ1	Ⅱ2	Ⅱ3	Ⅲ1	Ⅲ2	Ⅲ3
极限弯矩试验值（MPa）	25.99	22.80	25.22	21.43	21.90	21.43
极限弯矩理论值（MPa）	25.4	21.968	21.968	21.612	19.642	19.642
相对误差	−2.3%	−3.8%	−14.8%	0.9%	−11.5%	−9.1%

注：相对误差＝（理论值－试验值）/理论值×100%。

　　计算承载力与试验值的相对误差最大为 14.8%，平均为 6.77%。可见本书采用的实用承载力计算公式所得结果与试验值基本吻合。按上述理论公式得到的理论值与试验有一定的误差，计算值均偏小，偏于安全。

第17章 BFRP筋预应力加固混凝土梁有限元分析

17.1 ANSYS分析预应力钢筋混凝土的方法

在ANSYS中,预应力混凝土结构的分析方法可分为两大类:其一是将力筋的作用以荷载的形式作用于结构,即所谓的等效荷载法;其二是力筋和混凝土分别用相应的单元模拟,预应力通过不同的模拟方法施加,称之为"实体力筋法"。这两种方法都可根据不同的分析目的或需要,采用不同的单元进行模拟。

17.1.1 等效荷载法

等效荷载法可采用的形式主要有beam系列、shell系列和solid系列。考虑到该方法的特点,一般作为结构受力分析或施工过程控制可采用beam和shell系列单元,而使用solid单元系列相对较少。等效荷载法的优点是建模简单,不必考虑力筋的具体位置而可直接建模,网格划分比较简单,程序收敛也比较容易,对于结构在预应力作用下的整体效应比较容易求得,在按杆系结构分析时应用较多。其主要缺点如下。

(1)无法考虑预应力筋对混凝土作用分布荷方向。曲线预应力筋对混凝土作用在各处是不同的,等效时没有考虑,而水平分布力也没有考虑。

(2)在外荷载作用下,难以考虑外荷载和预应力钢筋的共同作用,不能模拟预应力钢筋在外荷载作用下的应力增量。

(3)难以求得结构细部受力反应,否则荷载必须加在力筋的位置上,这又失去了建模的方便性。

(4)张拉工程难以模拟,且无法模拟由于应力损失引起力筋各处应力不等的因素。

(5)预应力钢筋的布置比较复杂时,用等效荷载法模拟比较困难,细部计算结构与实际情况误差较大,不宜进行详尽的应力分析。

17.1.2　实体力筋法

实体力筋法中的实体可采用的单元有 shell 系列和 solid 系列，对混凝土结构一般采用 solid 系列比较好。在弹性阶段应力分析中，可采用弹性的 solid 系列，而要考虑开裂和极限分析，可采用专为混凝土模拟的 solid65 单元。而预应力筋可采用三维的 link 单元。

实体力筋法有两种处理方法：一是体分割法，二是采用独立建模耦合法。

体分割法：用工作平面和力筋线拖拉形成的一个面，将体积分割，分割后体上的一条线定义为力筋线。这样不断分割下去，最终形成许多复杂的体和多条力筋线，然后分别进行单元划分，施加预应力、荷载、边界条件后求解。这种方法是基于几何模型的处理，即几何模型为一体，力筋位置准确，求解结果精确，但当力筋线形复杂时，建模特别麻烦。

独立建模耦合法：该法的基本思路是实体和力筋独立几何模型，分别划分单元，然后采用耦合方程将力筋单元和实体单元联系起来。这种方法是基于有限元模型的处理，建模特别简单，耦合处理也比较简单，缺点是当单元划分不够密时，力筋节点位置可能有些走动，但误差在可接受范围之内。这是解决力筋线形复杂且力筋数量很多时的最佳方法。

预应力的模拟方法有初始应变法和降温法。初应变法通常不能考虑预应力损失，否则每个单元的实常数格不相等，工作量较大；降温法比较简单，通过对预应力筋的索单元实施降温，从而模拟预应力筋产生的对混凝土梁的预应力。这种方法的温降只是在索构件中产生，预应力可通过降温值的大小灵活控制，而且容易保持预应力值恒定，使得预应力为常量。如果要考虑预应力损失，可以根据预应力损失分布相应地调整各单元需施加的降温值。如果单元划分的合理，使索模型形状贴近与预应力筋的真实形状，模拟的效果会更加理想。计算降温值是利用温度产生的线应变与轴力产生的相等的原则建立的，故

$$\Delta t = \frac{N}{\alpha EA}$$

式中：Δt 为需施加的温降值；A 为预应力筋的截面面积；α 为预应力筋的线膨胀系数；E 为预应力筋的弹性模量。

这种方法可以消除等效荷载法的特点，对预应力混凝土结构的应力分析能够精确的模拟。

本次有限元分析中，为了揭示 BFRP 筋、钢筋和混凝土之间相互作用的

微观机理,选用分离式模型建模,不考虑钢筋与混凝土之间的相互滑移,BFRP 筋的预应力按降温法来模拟,根据钢筋、混凝土和 BFRP 筋各自的特点选用不同的单元进行划分。

17.2　材料特性

本书采用有限元软件 ANSYS 弹塑性计算功能对预应力 BFRP 筋加固钢筋混凝土梁的受力展开进行全过程分析。ANSYS 有专门用于混凝土结构的 solid65 单元及 concrete 材料,可以综合考虑塑性和徐变引起的材料非线性、混凝土开裂和压碎等多种非线性特性。

用非线性有限元软件进行结构分析,首先必须有一个恰当描述材料本能的本构关系即应力—应变关系以及合理的破坏准则。混凝土材料主要用来承受压力,因此国内外的研究以单轴受压应力—应变关系为主,同时也有部分单轴受拉方面的研究。混凝土上的破坏准则一般用轴心抗压强度、轴心抗拉强度以及抗剪强度来表示,由于混凝土是非匀质、各向异性的材料,因而其破坏准则比较复杂,目前尚未建立比较完善的能够解释不同破坏现象的混凝土破坏准则。BFRP 材料是线弹性材料,本构关系相对来讲容易确定。

17.2.1　混凝土的本构关系

1. 单轴受压情况下的混凝土应力—应变关系

对于混凝土材料在单轴受压情况下的应力—应变关系,国内外研究者在实验研究的基础上,提出了不同的表达式,其中包括多项式型、二次抛物线加直线型、有理式、指数函数型和分段表达型等。设计规范[11]所采用的分段式曲线为式(17.2.1)~(17.2.4),其曲线见图 17-1。

$$x \leqslant 1 \quad y = a_a x + (3 - 2a_a) x^2 + (a_a - 2) x^3 \tag{17.2.1}$$

$$x \geqslant 1 \quad y = \frac{x}{a_d (x-1)^2 + x} \tag{17.2.2}$$

$$y = \sigma / f_c \tag{17.2.3}$$

$$x = \varepsilon / \varepsilon_p \tag{17.2.4}$$

式中:σ、ε 分别是混凝土的应力和应变,系数 a_a、a_d 和 ε_p 按表 17-1 选取。

表 17-1　曲线方程参数的选用表

等级强度	使用水泥标号	a_a	a_d	ε_p
C20、C30	325	2.2	0.4	1.40
	425	1.7	0.8	1.60
C40	425	1.7	2.0	1.80

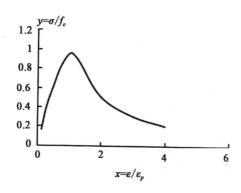

图 17-1　混凝土单轴受压的应力—应变曲线

2. 单轴受拉情况的混凝土应力—应变关系

根据国内外文献,混凝土的单轴受拉应力—应变关系采用考虑软化效应两折线简化模型,见图 17-2,其应力应变关系表达式如式(17.2.5)、式(17.2.6)。

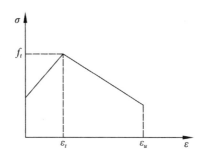

图 17-2　混凝土单轴受拉的应力—应变曲线

上升段：
$$\sigma = E\varepsilon \tag{17.2.5}$$

下降段：
$$\sigma = \left(1 - a\frac{\varepsilon - \varepsilon_t}{\varepsilon_\mu - \varepsilon_t}\right)f_t \tag{17.2.6}$$

式中：f_t 为混凝土单轴受拉应力峰值；ε_t 为峰值应力对应的应变；ε_μ 为混凝

土的极限应变。

3. 混凝土的破坏准则

混凝土破坏准则是在实验的基础上，考虑到混凝土的特点而求出来的。破坏准则采用 Willan-Warnke 五参数模型[41]强度准则，其中混凝土开裂裂缝剪力传递系数和闭合裂缝剪力传递系数分别为 0.4 和 1.0，并且关闭混凝土压碎选项（即令单轴抗压强度 UnCompst＝－1）。屈服准则采用多线性随动强化模型。

17.2.2　BFRP 筋的本构关系

BFRP 筋是线弹性材料，可以按理想弹性材料的本构关系进行描述，其应力—应变关系为：

$$\sigma = E\varepsilon (0 \leqslant \sigma \leqslant f_\mu) \tag{17.2.7}$$

17.2.3　普通钢筋的本构关系

普通钢筋应力—应变关系的计算模型可根据不同的要求选用，其中理想弹塑性模型最为简单，一般结构破坏时钢筋的应变尚未进入强化段，此模型适用。采用双折线随动强化模型来定义钢筋的应力应变关系，极限拉应变为 0.01，其应力—应变关系为：

$$\varepsilon_s \leqslant \varepsilon_y \sigma_s = E_s \varepsilon_s \left(E_s = \frac{f_y}{\varepsilon_y} \right) \tag{17.2.8}$$

$$\varepsilon_y \leqslant \varepsilon_s \leqslant \varepsilon_\mu \sigma_s = f_y \tag{17.2.9}$$

17.3　分析过程

17.3.1　单元类型

一般混凝土是存在裂缝的，而开裂必然导致钢筋和混凝土变形的不协调，也就是说发生粘结的失效与滑移，本模型采用分离式模型。认为混凝土、钢筋二者之间粘结良好，不考虑其间的相对滑移。建模时混凝土和钢筋作为不同的单元的来处理，即混凝土和钢筋各自被划分为足够小的单元，两者的刚度矩阵是分开来求解的。考虑到钢筋是一种细长材料，通常可以忽略其横向抗剪强度，因此可以将钢筋作为线单元来处理。

本试验模型混凝土单元采用 ANSYS 中的 solid65 单元,该单元为 8 节点 6 面体单元。如果给定材料的单轴抗压强度,solid65 单元可以模拟材料的压碎,但是一般来说,如果考虑材料的压碎,解的收敛性很差,而且往往 ANSYS 模拟的结果与实际情况不符合,一般建议不考虑材料的压碎,即单轴抗压强度系数取为 -1.0。其他参数输入的参数如下:弹性模量 $E = 2.4 \times 10^4$ N/mm^2,泊松比 $\nu = 0.2$,单轴抗压强度 $f_t = 3$ MPa,裂缝张开时剪应力传递系数 $\beta_t = 0.4$,裂缝闭合时剪应力传递系数 $\beta_c = 1.0$。

钢筋为双线性随动硬化材料,采用 ANSYS 中的 Link8 空间一维链杆单元,受拉钢筋弹性模量 $E = 2.0 \times 10^5$ N/mm^2,泊松比 $\nu = 0.3$,屈服应力 $\sigma_{0.2} = 378$ MPa,受压钢筋 $E = 2.0 \times 10^5$ N/mm^2,泊松比 $\nu = 0.25$,屈服应力 $\sigma_{0.2} = 355$ MPa。

梁底 BFRP 筋单元采用 ANSYS 中的拉索单元 Link10,该单元是双线性单元,允许只拉或只压。设定 BFRP 筋为理想弹性材料,若纤维应力超过其抗拉强度,则认为纤维断裂,计算终止。BFRP 筋模型只需要输入弹性模量,即默认为线弹性材料,其参数为:弹性模量 $E = 3.74 \times 10^4$ N/mm^2,泊松比 $\nu = 0.27$。

锚具采用板壳单元 Elastic 4node 63 单元,该单元不仅能承受平面内的力,而且能承受垂直于平面的力,使平面产生弯曲。

17.3.2　加载与边界条件

在 ANSYS 中,对实体模型加载有以下方法。

(1)等效为节点荷载施加载节点上。

(2)直接施加在单元上。

(3)作为面荷载施加在面上。

由于本试验是简支梁承受集中荷载,考虑到加载方式的可操作性,采用第一种方式加载。

弹性垫块可以取 3D 实体单元 solid45,取 $E = 2.0 \times 10^5$ N/mm^2,泊松比 $\nu = 0.3$,屈服应力 $\sigma_{0.2} = 378$ MPa。

17.3.3　网格划分

建模时一方面要考察混凝土与钢筋、混凝土与锚具的单元节点重合,以保证相互间有足够的粘结而无相对滑移;另一方面,在集中荷载和支座处网格要细分,以避免应力集中现象。网格划分后的模型图如图 17-3 所示。

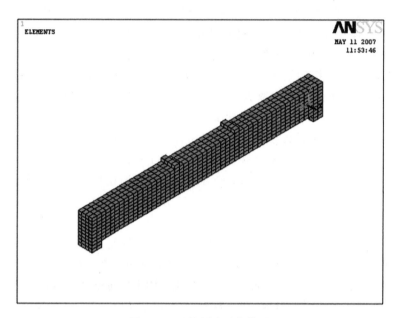

图 17-3   网格划分后的模型

17.4   有限元分析结果

17.4.1   有限元结果

由软件分析结果总结出如下几点。

1. 对比梁

当时间步 time＝0.90 时,与之对应的 $P＝36$ kN,此时受压区混凝土压应力值超过其抗压强度,受压钢筋已经达到其屈服强度,可认为该梁在此时已经发生破坏。ANSYS 分析结果如图 17-4、图 17-5 所示。

2. Ⅱ2.3 加固梁

当时间步 time＝2 时,与之对应的 $P＝64$ kN,此时受压区混凝土压应力值达到其抗压强度,受压钢筋已经基本达到其屈服强度,体外预应力 BFRP 筋应力达 522 MPa,可认为该梁在此时已经发生破坏,破坏特征为混凝土压碎。ANSYS 分析结果如图 17-6～图 17-8 所示。

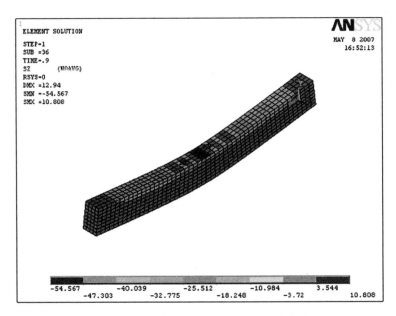

图 17-4　对比梁 $P=36$ kN 时混凝土应力图

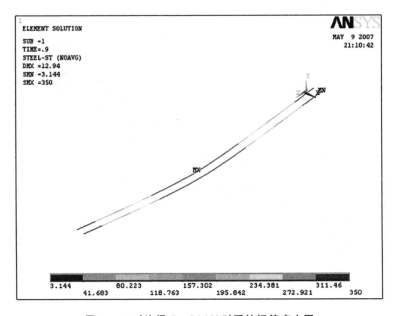

图 17-5　对比梁 $P=36$ kN 时受拉钢筋应力图

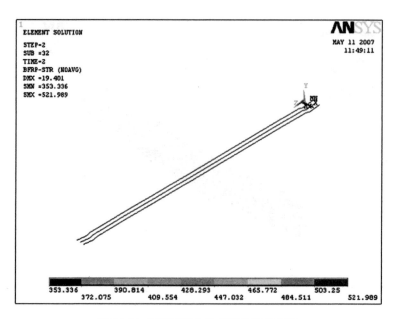

图 17-6　体外预应力 3φBFRP 筋应力图

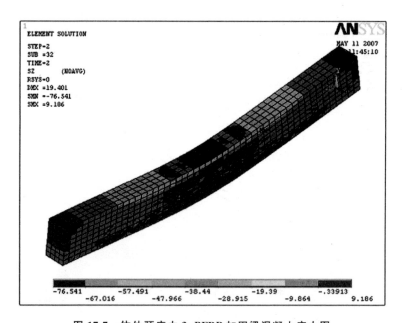

图 17-7　体外预应力 3φBFRP 加固梁混凝土应力图

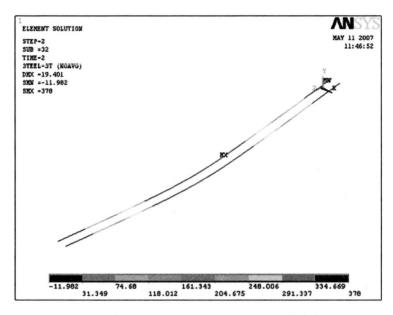

图 17-8　体外预应力 3φBFRP 加固梁受拉钢筋应力图

3. Ⅲ2.3 加固梁

当时间步 time＝2 时，与之对应的 $P＝52$ kN，此时受压区混凝土压应力值达到其抗压强度，梁底混凝土裂缝宽度较大，应力集中严重；受压钢筋已经达到其屈服强度，连续玄武岩纤维布的应力值达到 477 MPa。可认为该梁在此时已经发生破坏，破坏特征为混凝土压碎。分析结果如图 17-9 至图 17-11 所示。

4. Ⅱ1 与Ⅲ1 增大截面加固梁

Ⅱ1 梁，当 $P＝64$ kN 时，受拉钢筋已经屈服，受压区混凝土达到极限强度，BFRP 应力达 600 MPa，此时梁已经发生破坏；Ⅲ1 梁，当 $P＝57.6$ kN 时，受拉钢筋已经屈服，受压区混凝土达到极限强度，BFRP 筋应力达到极限强度，此时梁已经发生破坏；数值模拟结果如图 17-12、图 17-13 所示。

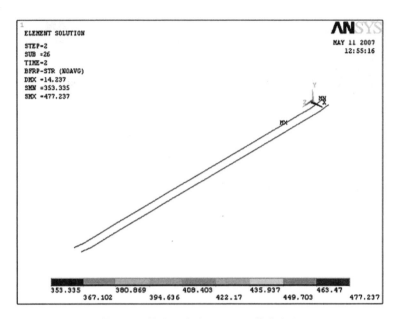

图 17-9　体外预应力 2φBFRP 筋应力图

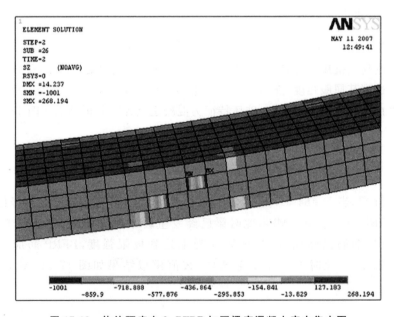

图 17-10　体外预应力 2φBFRP 加固梁底混凝土应力集中图

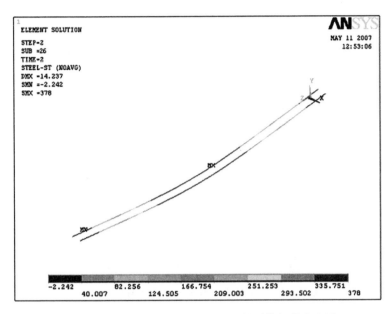

图 17-11　体外预应力 2φBFRP 加固梁受拉钢筋应力图

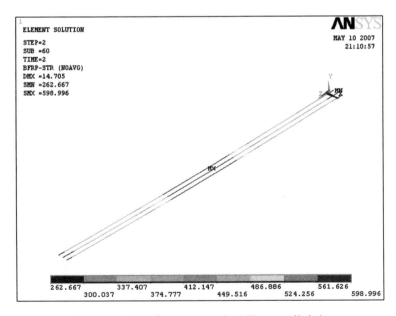

图 17-12　增大截面 3φBFRP 加固梁 BFRP 筋应力

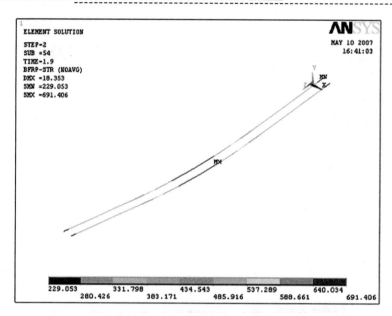

图 17-13　增大截面 2φBFRP 加固梁 BFRP 筋应力

17.4.2　与试验结果对比分析

为了直观地描述有限元计算结果与试验结果的偏差,现将两种结果列如表 17-2。

表 17-2　结果对比表

梁编号	BFRP 筋数	试验值(kN)	ANSYS 计算值(kN)	相对误差%
Ⅰ	—	38.31	36	−6.41
Ⅱ1	3	69.3	64	−8.28
Ⅱ2	3	60.79	64	5.02
Ⅱ3	3	67.25	64	−5.08
Ⅲ1	2	57.14	57.6	0.80
Ⅲ2	2	58.4	52	−12.31
Ⅲ3	2	57.14	52	−9.88

备注:相对误差=(理论值−试验值)/理论值×100%。

由表 17-2 可以知道:ANSYS 计算承载力与试验值的相对误差最大为 12.31%,平均为−4.5%。可见本书采用的实用承载力计算公式所得结果与试验值吻合较好。

　　有限元计算得到的梁极限荷载比试验结果低,这可能与计算时支座的处理、非线性分析选项的选择有关,也可能与建模时定义材料性能本构关系没有与实际情况完全相同;另外,建模时没有樟拟箍筋,也降低了梁的承载力。如何更准确地设定模拟参数,改进有限元模型,以便更好地模拟梁地实际受力情况还有待进一步研究。

第 18 章　BFRP 加固梁的
研究结论与展望

18.1　结论

目前现有的传统的加固方法均未解决钢材腐蚀的问题。FRP 材料以其轻质、高强、抗腐蚀等优点,被认为是解决钢材锈蚀的理想材料,因而引起了土木工程界的广泛兴趣。考虑到 FRP 材料的特性和传统体外预应力加固施工的特点,本章提出了体外 BFRP 筋加固混凝土结构的加固方法,并进行了试验研究。通过 9 根梁的静力加载试验,对试验梁的受力过程、破坏形态、荷载—挠度曲线、纤维筋应变变化等进行了详细分析。在试验结果的基础上对用 BFRP 筋加固钢筋混凝土梁抗弯极限承载力的理论作了简单探讨,并给出了相应的计算公式,最后又通过 ANSYS 软件对部分试验梁进行了数值模拟,并将理论结果与试验结果进行了比较。本书的研究成果归纳如下。

(1)体外预应力 FRP 筋加固混凝土结构具有很好的加固效果,能显著提高梁的开裂荷载、屈服荷载和极限荷载。其中开裂荷载提高的幅度最为明显。本次试验中影响加固效果的因素主要有预应力筋的数量、施加预应力的大小、是否浇注砂浆增大截面。加固梁的破坏荷载提高幅度在 49%～80.7%。

(2)相同数量预应力筋加固,破坏特征也相似。3 根预应力加固梁破坏形式主要是混凝土先压碎,再预应力筋拉断;而 2 根 BFRP 筋加固梁是以预应力筋拉断作为破坏特征,表现为脆性破坏。

(3)加固梁的开裂均比对比梁晚,且裂缝较细,这说明预应力加固达到了预期的效果。开裂荷载的提高幅度在 89.1%～130.6%。

(4)所有加固梁内非预应力筋达到屈服后,梁仍能承受较大的力,此时梁内受拉钢筋的变形不断增长,垂直裂缝迅速开展。除梁Ⅲ1 外,所有加固梁受压曲混凝土的应变最后都达到极限应变而压碎。

(5)本章采用了两种不同的计算方法对加固梁进行极限承载力进行理

论分析。考虑到体外预应力筋与梁体混凝土在竖向可产生自由的相对运动,体外筋与混凝土截面之间的变形不再协调,使体外预应力筋的有效偏心距减小,即产生二次效应,体外预应力筋加固采用了基于塑性铰理论的极限承载力计算方法。两种计算方法得出的计算结果与试验值基本吻合。

(6)最后应用有限元软件 ANSYS 对试验梁进行了模拟分析,计算结果与试验结果吻合较好,说明 ANSYS 可以用来模拟混凝土材料的非线性,这对 BFRP 加固构件的数值模拟具有借鉴意义。

18.2　展望

由于试验条件的限制,虽然对预应力 BFRP 加固混凝土梁抗弯进行了试验研究,但是要形成系统的加固技术还需要进行大量的研究。作者认为今后应从以下方面展开工作。

(1)由于时间的关系,本次试验没有对预应力损失进行测量,在计算中也忽略了预应力损失的影响,这与实际有一定的偏差。预应力损失是预应力加固需要研究的一个重要方面,因此在以后的研究中还需要在这方面多花工夫。

(2)考虑疲劳荷载、长期荷载和动力荷载下体外预应力筋加固的性能。

(3)修正基于塑性铰理论的承载力计算公式,该公式的假定和试验有一定的偏差。

(4)本书只考虑 BFRP 材料加固混凝土结构抗弯性能分析,而对剪切扭转等性能的研究还有待展开。

(5)由于试验中有一根梁的 BFRP 筋从锚具中拔出,使加载提前结束,这主要是因为筋与锚具之间的粘结不牢靠产生的。在今后的研究中应寻求更好的锚具和粘结方法。

(6)本试验对复合材料加固混凝土结构的分析只限于试件分析,所做的研究缺乏工程实践验证,另外对材料的耐久性、湿度、温度的评价也缺乏综合考虑。

第 19 章　CFRP 预应力筋加固钢筋混凝土梁的试验

19.1　概述

　　混凝土中的钢筋易受腐蚀,特别是预应力钢筋锈蚀以后,有效预加力降低,构件的工作性能将大大降低。降低钢筋锈蚀的方法之一是进行电镀或在钢筋上涂环氧层,但这种方法成本昂贵,同时效果不是最佳。某些研究表明:涂环氧的钢筋在氯化物含量高的地区腐蚀仍然严重。目前彻底解决钢筋锈蚀问题的方法即采用非钢材的纤维增强塑料(FRP 筋)。

　　与钢筋相比,FRP 筋具有耐腐蚀、质量轻、强度高、弹模小、应力松弛小等特点,能适应现代工程结构向大跨、高耸、重载、高强和轻质发展以及承受恶劣条件的需要,符合现代施工技术的工业化要求,因而正被越来越广泛地应用于桥梁、各类民用建筑、海洋和近海、地下工程等结构中。从目前市场情况来看,由于近年来原材料成本大幅度降低,生产工艺日渐成熟,FRP 筋与钢筋的单位体积价格已具有一定的可比性,尤其是预应力FRP 筋与预应力钢筋的单位体积价格更接近一些,再加上预应力 FRP 筋具有优良的耐腐蚀、耐老化功能,这为预应力 FRP 筋混凝土结构的推广应用提供了根据。

　　目前,国内外虽然已对碳纤维加固钢筋混凝土梁的抗弯性能进行了大量的试验研究,但对其研究主要侧重于"一次受力",即直接对未受荷的钢筋混凝土梁进行加固后,再对其进行加载直至破坏。事实上所有的加固构件都存在"二次受力"问题,只不过为了简化计算而不考虑而已。这种简化方法过高地估计了构件的抗弯承载力。在恒载较小的情况下,引起的误差较小,但若须加固的结构所受的恒载较大时,这种计算方法是偏于不安全的。

　　本次试验共有 11 根钢筋混凝土梁,其中,3 根对比梁,2 根被动二次受力梁(CFRP 筋先加载后加固),3 根主动二次受力梁(将对比梁压坏的梁,灌胶加固后,再进行预应力加固,模拟真实断裂梁),3 根一次受力梁(CFRP

筋加固后直接加载)。

本书研究的主要内容是 CFRP 预应力筋加固钢筋混凝土受弯构件试验研究。

19.2　试验的目的

钢筋混凝土构件的正截面受弯研究,由于其影响因素较多,国内外研究机构对其做了大量的工作。实际工程中,由于各种原因会导致钢筋混凝土构件受弯承载力不足,需要进行加固。考虑到 CFRP 预应力筋属于新材料,其抗弯加固理论还不算成熟,本次试验选择了简支梁的抗弯承载力为研究对象。试验研究的主要目的如下。

(1)考虑"二次受力"与不考虑"二次受力",对结构加固后的极限承载力有哪些影响。

(2)考虑"二次受力"影响是采用"初始应变"控制还是采用"滞后应变"控制,哪种因素更合理、更符合实际。

(3)考虑"二次受力"影响进行结构强度计算时,如何考虑初始荷载和其他因素的影响。

(4)建立 CFRP 筋预应力加固施工的设计计算方法,探索实际加固过程中易掌握且较简便的预加应力的方法、工艺及施工机具的制造和使用,并在实验中验证其有效性和可行性。

(5)得出试验时 CFRP 预应力筋加固钢筋混凝土受弯构件的受力性能及加固效果,主要为加固后梁的变形和抗裂性能、破坏模式和极限承载力等。

(6)分析 CFRP 预应力筋加固法对梁受弯破坏时刚度和延性的影响以及裂缝控制能力。比较用 CFRP 筋的梁与未加固梁的极限荷载的不同,从而比较其加固效果。

(7)对 CFRP 预应力筋加固梁受力全过程进行分析,推导出加固钢筋混凝土受弯构件不同受力阶段的正截面承载力、挠度、弯矩。

(8)利用 ANSYS 有限元分析程序对 CFRP 筋加固钢筋混凝土受弯构件进行非线性分析,并与试验结果相对比。

19.3 试验梁的设计与加固

19.3.1 试件设计与制作

1. 模型尺寸及制作

根据《混凝土结构设计规范》(GB 50010—2010)的要求,本次试验制作了 11 根试件,具体见图 19-1 和表 19-1。

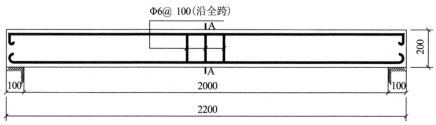

（a）梁的设计正面图

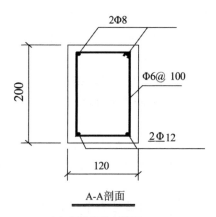

A-A剖面

（b）梁的设计剖面图

图 19-1 梁的设计

11 根试验梁的跨度是 $l=2200$ mm,净跨是 $l_0=2000$ mm,加固区长度为 1850 mm,截面尺寸都是 $b \times h = 120$ mm $\times 200$ mm,其中,L-1、L-2、L-3 是对比梁,用于比较加固效果;L-4、L-5 是 2 根被动二次受力梁(CFRP 筋先加载后加固);L-6、L-7、L-8 是 3 根主动二次受力梁(将对比梁压坏的梁,灌胶加固后,再进行预应力加固,模拟真实断裂梁),用以比较不同二次受力梁的加固效果;L-9、L-10、L-11 是 3 根一次受力梁,通过与二次受力梁比较,并为以后计算理论的推导提供试验依据。

试验梁截面尺寸 $b \times h = 120$ mm $\times 200$ mm,采用 C30 混凝土,受拉纵筋采用 HRB335 筋,架立筋及箍筋采用 HPB235 筋。试验时拟在梁底设 3φCFRP 纤维筋。

表 19-1　试件梁配筋表

截面尺寸(mm)	纵筋	架立筋	箍筋	
			加密区	非加密区
$b \times h = 120 \times 200$	$2\varphi12$	$2\varphi8$	$\varphi6@100$	$\varphi6@100$

2. 所选材料的力学性能指标

因是试件,故计算中均采用标准值。

(1)混凝土。试验所配制的混凝土设计强度等级为 C30,在最初浇注混凝土时特地浇注了 3 个 150 mm $\times$ 150 mm $\times$ 150 mm 的混凝土试块,在养护 28 天之后测试出混凝土立方体抗压强度(表 19-2)。

表 19-2　混凝土立方体抗压强度

试块编号	1	2	3	平均强度
Fcu(MPa)	24.8	24.6	25.2	24.8

(2)钢筋的实测指标(表 19-3)。

表 19-3　钢筋实测指标

钢筋级别	直径 (mm)	截面面积 (mm^2)	屈服强度 (MPa)	极限强度 (MPa)	强度标准值 (MPa)
Ⅰ	6	28.3	396	539	235
Ⅰ	8	50.3	355	462	235
Ⅱ	12	113.04	355	462	335

（3）CFRP 筋的材性。

CFRP 筋材料采用连续玄武岩纤维筋，规格为直径 3 mm。结构胶采用武汉长江加固有限责任公司的产品。委托武汉理工大学材性试验中心对结构胶浸渍固化后的 CFRP 筋试件进行材性检测，检测结果如表 19-4、表 19-5 所示。

表 19-4　结构胶浸渍固化后的 CFRP 筋实测指标

截面面积（mm²）	抗拉强度（MPa）	弹性模量（GPa）	延伸率
0.642	1768.612	157.8	1.404%

表 19-5　长江加固公司提供的结构胶指标

粘结正拉强度（MPa）	抗压强度（MPa）	抗拉强度（MPa）	抗折强度（MPa）
$\geqslant \max(2.5, f_{tk})$	$\geqslant 70$	$\geqslant 30$	$\geqslant 40$

19.3.2　试件应变片布置及粘贴工艺

1. 应变片布置

本次试验一共浇注了 11 根试验梁，试验梁的跨中 1 m 区段为纯弯段，所以应变片都需要布置在此处。为了试验结果分析的需要，要求在试验梁的混凝土表面、钢筋表面、CFRP 筋表面以及加固后梁的砂浆表面粘贴不同规格的应变片。贴在钢筋上的应变片需要在混凝土浇筑前预先粘贴，混凝土表面的应变片在浇注混凝土之后粘贴，CFRP 筋上的应变片随锚固 CFRP 筋的施工过程粘贴。在粘贴过程中要随时检查应变片的质量，做到防潮、绝缘、回路畅通。

2. 应变片粘贴工艺

为测量梁纵筋的应变，需要在绑扎钢筋前先做好钢筋上应变片的粘贴。在绑扎钢筋及浇筑试件或者处于潮湿的环境中时，应变片极易受损、受潮，这将直接导致试验结果的错误甚至试验的中断。因此，必须做好应变片的粘贴及防护工作。具体的操作叙述如下。

（1）准备好需要的电阻应变片、绸布、导线、胶水、丙酮、环氧树脂、药棉、绝缘胶带及所需工具。

（2）确定需贴应变片的位置，做好标记。

（3）用角磨机对做标记处进行打磨，以去除钢筋的肋及表面的铁锈，不宜打磨太厉害，以免削弱钢筋的受力截面。

（4）用铁砂纸对打磨处进行打磨，使贴应变片处的钢筋表面光滑，以保证片子与钢筋表面充分接触。

（5）重新对贴应变片处标定位置，以确保应变片的位置和方向。

（6）用药棉蘸取丙酮将标定处擦拭干净，用 502 胶将应变片粘贴在擦拭干净的钢筋表面，用手指捻压接触面，以挤出其中的气泡，之后在应变片的触头下面贴绝缘胶带，防止短路。

（7）将导线焊接在应变片上，并固定在钢筋上，以防止钢筋在搬运、绑扎过程中将导线拉断。

（8）按照厂家给定的比例将环氧树脂和固化剂调制均匀，先在应变片表面涂一薄层，覆盖住应变片及可能使其受潮的边缘，这样做的目的一是防止应变片受潮，二是保护应变片。待环氧树脂触摸硬化后，将裁剪好的绸布上均匀涂抹调制好的环氧树脂，将其包裹在应变片的外面，注意布边缘处要涂满环氧树脂，防止潮气的侵入。

（9）在布的外面包裹一层中粗沙，以增加其与混凝土之间的握裹力。

（10）放置在干燥的环境中，待其干燥后使用。

注意事项：在粘贴应变片前、后，包裹应变片前、后，及绑扎钢筋前都要检查应变片是否完好无损，若有问题及时发现处理。

19.3.3　试件加固

试件 L-1、L-2、L-3 作为对比试件，不采取加固措施，其余 8 个试件分为 3 组，采取相同锚固方式，但是加固方式不同。具体见表 19-6 和图 19-2。

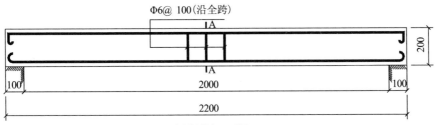

（a）梁的设计正面图

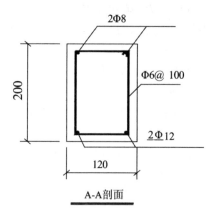

（b）梁的设计剖面图

图 19-2　梁加固图

表 19-6　梁的几种加固方式

分组	编号	加固方式	施加预应力	备注
I	L-1 L-2 L-3	不加固	不加预应力筋	对比梁
II	L-4 L-5	3φCFRP 先加载后加固 模拟卸荷 3φCFRP 筋	总的预拉 P $P_C = 0.5f_{cy} \times A_c = 18.66$ kN 每根 CFRP 筋加 6.22kN 拉力	二次受力
III	L-6 L-7 L-8	将 I 组压坏的梁，预应力 加固，模拟真实断裂梁， 3φCFRP	张拉力以混凝土裂缝闭合为 原则，但必须大于 6.22 kN， 张拉前裂缝灌胶	一次受力破 坏梁加固 后，再受力
IV	L-9 L-10 L-11	先加固后加载 3φCFRP	总的预拉 P $P_C = 0.5f_{cy} \times A_c = 18.66$ kN 每根 CFRP 筋加 6.22 kN 拉力	一次受力

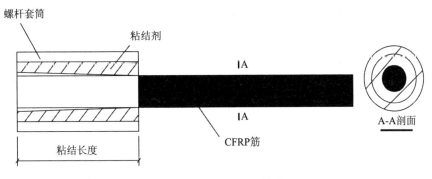

图 19-3　纤维筋的加固锚具

19.4　测点内容及方法

19.4.1　测量内容

(1)开裂荷载、屈服荷载、极限荷载。
(2)受拉纵筋的应变。
(3)跨中挠度。
(4)碳纤维筋的应变。
(5)截面应变分布。
(6)裂缝宽度及开展情况。

19.4.2　测量方法

1. 开裂荷载、屈服荷载以及极限荷载大小的量测

通过千斤顶加载,用传感器及与它相连的应变仪来控制荷载的大小。

2. 受拉纵筋的应变

用布置在梁跨中受拉纵筋(2 根)中布上的电阻应变片量测,然后取平均值得到。

3. 跨中挠度

在支座处安装 2 块百分表来测量支座的沉降,在梁跨中的底部安装 1 块大行程百分表,通过与应变仪相连的位移计来测量跨中的挠度。

4. 碳纤维筋的应变

待梁底粘贴的碳纤维筋上的浸泽胶硬化后,在梁底跨中部位的碳纤维筋上布置电阻应变片量测。

5. 截面应变分布

在梁跨中沿梁高每隔 50 mm 均匀布置应变片来量测梁截面的应变。

6. 裂缝宽度及其开展情况

通过肉眼来观察裂缝的开展,并用铅笔在梁的表面详细标划出裂缝在每级荷载下的走向,同时用读数显微镜读出其缝宽。

19.5　测点布置

19.5.1　结构静载试验布点原则

(1)在满足试验目的的前提下,测点宜少不宜多,以便使试验工作重点突出。

(2)测点的布置必须有代表性,便于分析和计算。

(3)为了保证量测数据的可靠性,应布置一定数量的校核性测点。

(4)测点的布置对试验工作的进行应该是方便的、安全的。

19.5.2　测点布置

如图 19-4 所示,受拉纵筋跨中部位的两个电阻应变片测钢筋的应变,梁底跨中碳纤维筋上的电阻应变片测纤维筋的应变值,混凝土上的应变片以及浇砂浆后砂浆表面的应变片测砂浆的应变值。

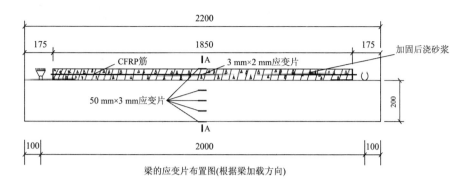

图 19-4（a）　梁的应变片布置图（根据梁的加载方向）

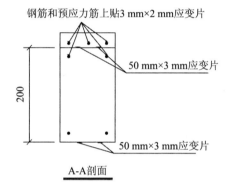

图 19-4（b）　梁的应变片布置剖面图

19.6　测量原理

19.6.1　挠度的测量原理

构件的挠度是指构件自身的变形，我们所测的是构件某点的沉降，因此要扣除支座影响。如图 19-5 所示，应消除支座影响后测量跨中最大挠度 f_q^0 为：

$$f_q^0 = u_m^0 - \frac{u_l^0 + u_r^0}{2}$$

此外，计算构件实测挠度时还加上构件自重、加载设备重等产生的挠度。构件实测短期挠度 f_s^0 计算公式如下：

$$f_s^0 = f_q^0 + f_g^c$$

式中：f_q^0 为消除支座影响后的挠度实测值；f_g^c 为构件自重和加载设备重产生的挠度。

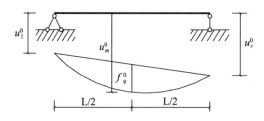

图 19-5　挠度测点布置原理图

由于仪表初读数是在试件和试验装置安装后读取，加载后测量的挠度值中未包括自重引起的挠度，因此计算时应予以考虑。f_g^c 的值可近似按构件开裂前的线性段外插确定，如图 19-6 所示。也可按下式确定：

$$f_g^c = \frac{M_g}{\Delta M_b} \cdot \Delta f_b^0$$

式中：ΔM_b、Δf_b^0 为对于简支梁分别为开裂前跨中截面弯矩增量与相应跨中挠度增量，对于悬臂梁分别为固端截面弯矩增量与相应自由端挠度增量；M_g 为构件与加载设备重产生的截面弯矩，对于简支梁为跨中截面弯矩，对于悬臂梁为固端截面弯矩。

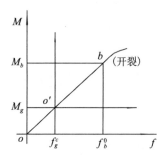

图 19-6　外差法确定自重挠度

19.6.2　荷载大小的测量原理

在试验加载的过程中，荷载传感器的应变将同步增大，通过传感器可将应变信号传给予传感器相连的静态应变仪，最后通过应变的大小可达到控制荷载的大小的目的。

经试验前将连有静态应变仪传感器在压力环上的校核表明:1 t 的压力对应静态应变仪上 300 ℃的应变,按照此比例可达到应变控制荷载大小的目的。

在试验的整个过程中,开裂荷载、屈服荷载、极限荷载是试验全过程中重要的三级荷载。其中,开裂荷载随机性较大,主要通过试验在每级加载完毕后的肉眼观察或通过荷载挠度曲线机制得到;屈服荷载主要通过受拉纵筋的应变来控制和获取;极限荷载主要参照《混凝土结构试验方法标准》(GB/T 50152—2012),在加载持续过程中出现下列标志,即认为梁已经达到或超过其正截面承载力受弯极限状态,从而获取极限荷载。

(1)对有明显物理流限的钢筋,其受拉主钢筋应力达到屈服强度,受拉应变达到 0.01。

(2)受拉主钢筋拉断。

(3)受拉主钢筋处最大垂直裂缝宽度达到 1.5 mm。

(4)挠度达到跨度的 1/50。

(5)受压区混凝土压坏。

19.7　试验设备及加载方案

19.7.1　试验设备

本次试验采用反向加载试验装置(图 19-7),反力架用地锚螺栓锚固于试验支座,采用液压式千斤顶配压力传感器为加载设备,通过分配梁将荷载传给试件;在试验过程中用力传感器来测量荷载,加载方式为两集中荷载加载,由分配梁来实现两点加载。将应变输入计算机来采集。采用 DH3816 静态测试系统软件来对测量的应变值进行采集和处理。

19.7.2　加载方式及数据采集

(1)在正式加载前,先预载,测读数据,观察试件、试验装置和仪表是否工作正常,并及时排除故障。

(2)加载方式均匀连续加压。

(3)在每根 CFRP 筋加至 $P_c = 6.22$ kN。

(4)预应力加上后,继续加载至破坏,记录破坏荷载。

（5）数据采集：加载全程采集荷载与应变、挠度，资料采集频率每 0.5 s 采集一次，每次采集荷载 P，钢筋应变、混凝土应变、纤维筋应变及挠度。

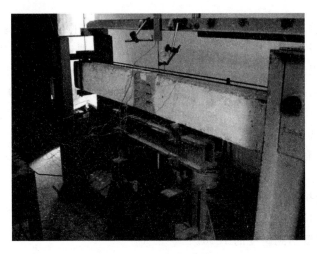

图 19-7　反力架加载装置

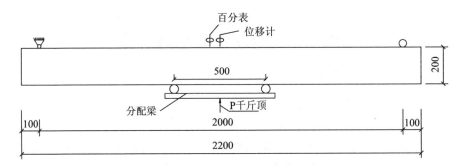

图 19-8　梁的加载装置图

第 20 章　试验结果分析

20.1　试验现象

20.1.1　破坏形态描述及比较

(1)对比梁 L-1,混凝土的强度等级为 C30。在对该试件加载至破坏的过程中,开裂荷载为 15.71 kN,裂缝的宽度为 0.05 mm;随着荷载的增加,裂缝开展较快,其数量渐渐趋于稳定,但不停地向上延伸;当荷载达到屈服荷载 39.05 kN 时,裂缝上涨厉害,此时裂缝宽度达到 0.40 mm;当荷载到达 41.59 kN 后随着荷载的继续增加,裂缝宽度突然从 0.60 mm 上涨到 1.5 mm,这说明梁已破坏。裂缝最大高度可达到 3/5 梁高之多,即约 120 mm 处。裂缝总条数约为 18 条。该梁的破坏形态为最大裂缝宽度达到 1.5 mm,受拉钢筋屈服。如图 20-1 所示。

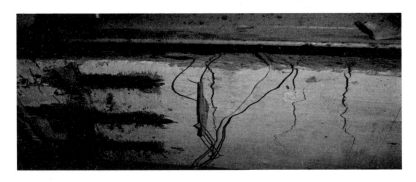

图 20-1　梁 L-1 破坏图

对比梁 L-2,混凝土的强度等级为 C30,开裂荷载为 15.4 kN,对应裂缝宽度为 0.04 mm,裂缝发展趋势及变化情况与对比梁 L-1 基本一致,屈服荷载为 33.02 kN,裂缝宽度为 0.04 mm,最大极限荷载为 38.89 kN,最大裂缝宽度及破坏形态与对比梁 L-1 也一致。如图 20-2 所示。

图 20-2　梁 L-2 破坏图

对比梁 L-3,混凝土的强度等级为 C30,开裂荷载为 14.4 kN,对应裂缝宽度为 0.04 mm,裂缝发展趋势及变化情况与对比梁 L-2 基本一致,屈服荷载为 32.06 kN,裂缝宽度为 0.04 mm,最大极限荷载为 34.6 kN,最大裂缝宽度及破坏形态与对比梁 L-1、L-2 也一致。

由此可见,3 根对比梁由试验所得结果比较接近,可作为加固梁参考的依据。

(2)加固梁 L-4、L-5 是 2 根被动二次受力梁(CFRP 筋先加载后加固),混凝土强度等级为 C30。其加固方式为当梁加载到开裂后,在梁底加 3 根 CFRP 预应力筋进行加固,每根加预应力 6.22 kN,对梁底浇完砂浆进行养护后,继续对加固梁进行加载到破坏。

该梁为先加载后加固再加载的二次受力模式。在先加载的过程中将其初始荷载控制在对比梁极限荷载的 40%,然后在不卸载的情况下对试件进行加固,未加固前其开裂荷载为 14.92 kN,裂缝宽度为 0.02 mm,随着荷载的增加至开裂荷载的过程中,裂缝开展得较快,裂缝的条数和高度与对比梁较一致,随着加固后荷载的增加,混凝土梁与碳纤维筋共同受力,我们可以发现,此时已存在的裂缝发展比较缓慢,另外有许多新生裂缝的产生,特别是在加载过程的后期。同时,裂缝宽度比对比梁在同级荷载下要小。裂缝上升的最大高度约为 110 mm 多梁高处(不含砂浆高度),较对比梁有所下降。屈服荷载为 51.75 kN,极限荷载约为 59.68 kN,对应裂缝宽度为 1.5 mm。此时试件的破坏形态为受压区混凝土压碎,受拉钢筋屈服,碳纤维筋被拉断。如图 20-3 所示。

图 20-3　L-5 梁破坏图

由此可见,2 根同类型的二次受力梁结果一致。此外,它们与对比梁相比,裂缝发展的一个显著规律就是"多而密"。裂缝宽度比在同级荷载下的对比梁要小。屈服荷载和极限荷载与对比梁相比,其提高的幅度分别为 50% 和 54%。

(3)加固梁 L-6、L-7、L-8 是 3 根主动二次受力梁(将对比梁压坏的梁,灌胶加固后,再进行预应力加固,模拟真实断裂梁)。混凝土强度等级为 C30。其加固方式为在梁底加 3 根 CFRP 预应力筋,每根加预应力大于 6.22 kN。

该试件为先加载至完全破坏后加固再加载的二次受力模式,利用已经破坏的对比梁对宏观裂缝处进行灌胶加固,待结构胶完全固化后再在梁底施加预应力进行加固,浇砂浆进行养护后对梁进行加载,比较得出完全破坏的梁经加固后是否还能继续承受一定的荷载。

该试件经灌胶加固后的开裂荷载为 13.97 kN,因梁中钢筋在第一次加载过程中已经屈服,在二次受力过程中无法监测到钢筋的应变。裂缝宽度为 0.03 mm,随着荷载的增加过程中,裂缝开展得较快,随后便是混凝土梁与锚固的碳纤维筋共同受力工作阶段。我们可以发现,有许多新生裂缝产生,特别是在整个加载过程的后期。裂缝上升的最大高度约为 110 mm 的梁高处,较对比梁有所下降。极限荷载约为 52.54 kN,对应裂缝宽度为 1.4 mm,此时试件的破坏形态为受压区混凝土压碎,预应力碳纤维筋屈服。如图 20-4 所示。

图 20-4　梁 L-6（原对比梁 L-1）破坏图

　　二次受力梁 L-7、L-8 与梁 L-6 是完全一样的二次受力试验梁，其混凝土的强度等级为 C20，从试件先加载后加固再加载至破坏的全过程，我们可以看到，3 根试件的试验现象基本一致。

　　（4）一次受力梁 L-9，混凝土强度等级为 C30，为加固试件，其加固方式为在梁底加 3 根 CFRP 预应力筋然后再加载。每根加预应力 6.22 kN，对梁底浇完砂浆进行养护后，继续对加固梁进行加载到破坏。该梁为先加固后加载的一次受力模式，其开裂荷载为 23.89 kN，裂缝宽度为 0.02 mm。随后随着荷载的增加，梁裂缝数量趋于增加，特别是在受拉钢筋达到屈服后，有许多新生的裂缝，综观全梁的裂缝，可谓是"多而密"。如图 20-5 所示。

图 20-5　梁 L-9（一次受力）破坏图

裂缝宽度比在同级荷载下的对比梁要小。屈服荷载和极限荷载与对比梁相比,其提高的幅度分别为 46％和 67％。

20.1.2　裂缝描述

在试验过程中,所有的梁均在纯弯段内出现明显的弯曲裂缝。开裂后碳纤维预应力筋对裂缝的开展有较大的抑制作用,加固后梁的裂缝发展较为缓慢,裂缝间距变小,数量增多,宽度变小。同时,由于在施加预应力后浇了砂浆,界面处存在剪应力作用,即使在纯弯段,也观察到不少斜裂缝,表明砂浆对裂缝起到了较大的约束作用,且这种约束作用随着碳纤维筋预应力的增大而增强。同时浇砂浆后增大了梁的截面,对提高梁的承载力也有一定的作用。

图 20-6～图 20-8 表示在不同加固状态下,钢筋混凝土梁的裂缝分布状况,展示了本次试验 3 种试件的裂缝平面布置展开图,图中所标数字均等于试件分配梁所传荷载大小。

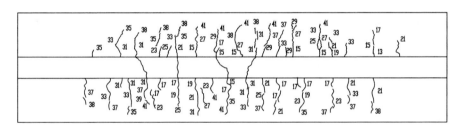

图 20-6　梁 L-1 裂缝平面布置展开图

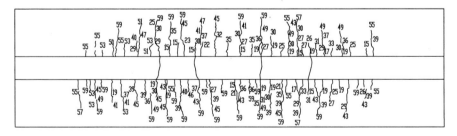

图 20-7　梁 L-4 裂缝平面布置展开图

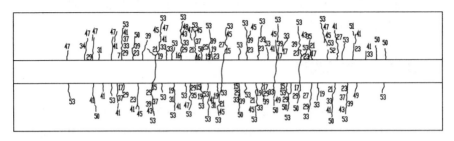

图 20-8　梁 L-6 裂缝平面布置展开图

20.2　试验结果及承载力分析

20.2.1　平截面假定

受弯构件截面受力分析的重要假定之一是平截面假定。对于由两种以上的不同材料组成的构件,其相互间的粘结关系是截面受力时能否满足平截面变形假定的关键。有粘结预应力混凝土的预应力钢筋与混凝土在砂浆的保护作用下,其受力过程粘结良好,因此,在受力的全过程能服从平截面变形的假定。FRP 筋预应力混凝土构件的 FRP 筋是非金属材料,其线胀系数与钢筋差异较大,因此,FRP 筋与混凝土的粘结远不如钢筋与混凝土的粘结好。

与普通的 CFRP 筋加固混凝土梁相类似,二次受力条件下仍作以下基本假定。

(1)混凝土梁受弯后,截面应变符合平截面假定。

(2)钢筋为理想的弹塑性材料。

(3)混凝土的应力—应变关系采用《混凝土结构设计规范》(GB 50010—2010)中的关式。压区矩形应力图的应力取 a,对于不超过 C50 等级的混凝土,取 $a=1$,拉区混凝土的影响不计算,拉区砂浆的影响不计算。

(4)达到混凝土梁受弯承载力极限状态时,CFRP 筋的拉应变不超过 CFRP 筋的允许拉应变。

(5)CFRP 的拉应力取 CFRP 筋的弹性模量与其拉应变的乘积。

(6)在初始弯矩的作用下,梁内受拉钢筋未达到屈服。

图 20-9、图 20-10 为对比试验梁跨中混凝土侧面横截面的应变图。从图中我们可以发现以下几点。

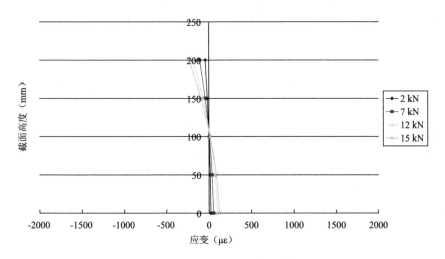

图 20-9　梁 L-1 混凝土截面应变图

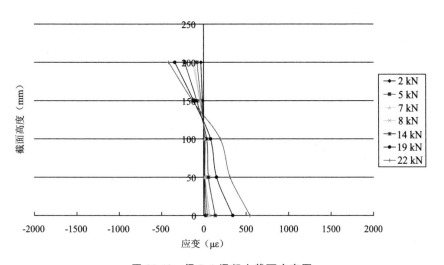

图 20-10　梁 L-2 混凝土截面应变图

(1)混凝土的应变值的大小沿着梁高基本在一条直线上,即满足平截面假定。

(2)通过图中所示受压区高度的比较可知:对比梁的受压区高度明显小于二次受力梁的受压区高度,对比梁、一次受力梁、二次受力梁为适筋梁。

（3）在二次受力梁中由于锚固 CFRP 预应力筋的作用，受压区高度增大，中和轴下降，这充分说明 CFRP 预应力筋对增强梁的正截面承载力很有帮助。

在试验过程中发现，钢筋的应变与相同位置处的混凝土的应变相同。构件从开始加载至破坏过程中，随着荷载的增加，中和轴不断上移，受压区高度逐渐缩小，混凝土边缘纤维压应变加大，在开裂荷载之前，钢筋、混凝土的应变与离中和轴的距离成正比，满足平截面假定。

碳纤维筋上砂浆与梁底混凝土未出现分离现象，所以预应力碳纤维筋加固混凝土受弯构件截面平均应变满足平截面假设，即纤维筋、钢筋、混凝土的应变与离中性轴的距离成正比。

由实验数据分析得，对比梁混凝土横截面应变图如图 20-9、图 20-10 所示。

从试验结果分析可以看到，碳纤维筋加固混凝土受弯构件截面平均应变是满足平截面假设的，在这里我们分别选择了 L-1、L-2 的试验结果进行分析，两种不同加固方式的 4 根梁在开裂荷载以下应变随截面高度的分布基本是直线，后来随着荷载的增大，线形发生了一定的离散，但是仍然可以看出试验结果的趋势是呈直线分布的，只是根据中和轴不断上移，受压区高度逐渐缩小，试验直线和 Y 轴的交点是在向上推移的，所以，试验结果是很好地符合了平截面假定的。

20.2.2 特征荷载及破坏形态

本次试验荷载测试主要是为了得到梁的开裂荷载、钢筋屈服时的屈服荷载以及试验梁的极限荷载。各试验梁的承载力及破坏形式如表 20-1 所示。

表 20-1　试件特征荷载验值及破坏形态

试件分类		编号	开裂荷载（kN）	屈服荷载（kN）	极限荷载（kN）	破坏形态
对比梁	1	L-1	15.71	39.05	41.59	受拉纵筋屈服，裂缝宽度达到 1.5 mm
	2	L-2	15.4	33.02	38.89	
	3	L-3	14.4	32.06	34.6	

续表

试件分类		编号	开裂荷载 (kN)	屈服荷载 (kN)	极限荷载 (kN)	破坏形态
二次 受力梁	1	L-4	14.92	51.75	59.68	受拉纵筋屈服,受压区 混凝土压碎,预应力筋 拉断
	2	L-5	15.4	52.7	58.6	
灌胶加固 二次 受力梁	1	L-6	13.97		52.54	
	2	L-7	14.29		53.81	
	3	L-8	14.6		61.75	
一次 受力梁	1	L-9	23.3	53.5	67.3	受拉纵筋屈服,受压区 混凝土压碎,预应力筋 拉断
	2	L-10	24.97	51.62	63.97	
	3	L-11	23.4	46.52	61.96	

注:二次受力梁为梁加载到开裂后再加预应力 CFRP 筋加固制作而成;灌胶加固二次受力梁为对比梁破坏以后,即达到极限荷载以后,用结构胶灌缝再加预应力 CFRP 筋加固制作而成。

L-1、L-2、L-3 梁是对比梁,就其破坏过程来看是属于典型的适筋梁受弯的破坏模式。它的特点是破坏始自受拉区钢筋的屈服。在钢筋应力到达屈服强度之初,受压区边缘混凝土的应变尚小于受弯时混凝土极限应变。在梁完全破坏以前,由于钢筋要经历较大的塑性变形,随之引起裂缝急剧开展和梁挠度的激增,它将给人以明显的破坏预兆,属于延性破坏类型。

L-4 和 L-5 是二次受力的预应力加固梁,由于梁底锚固了加固材料,之后又浇了砂浆的原因,其裂缝宽度和间距都比对比梁要小点,裂缝发展也很缓慢。破坏时混凝土和砂浆界面发生剥离,带有脆性破坏的特点。所以从试验的最终结果可以看出,局部的混凝土和砂浆界面剥离对极限荷载的影响较小。

L-6、L-7、L-8 梁是灌胶加固二次受力的预应力加固梁,由于梁在加预应力之前已经完全破坏,在灌胶加固施加预应力之后又浇了砂浆,其裂缝宽度和间距都比对比梁要小点,裂缝发展也很缓慢。

L-9、L-10 和 L-11 梁是一次受力的预应力加固梁,由于梁底锚固了加固材料,之后又浇了砂浆的原因,其裂缝宽度和间距都比对比梁要小点,裂缝发展也很缓慢。破坏时混凝土和砂浆界面发生剥离,带有脆性破坏的特点。所以从试验的最终结果可以看出,局部的混凝土和砂浆界面剥离对极限荷载的影响较小。

20.2.3 试验梁承载力分析

各梁的破坏特征和承载力提高情况见表 20-2。

表 20-2 试验承载力提高情况

梁编号	开裂荷载(kN)			屈服荷载(kN)			极限荷载(kN)			备注
	分别	平均	提高	分别	平均	提高	分别	平均	提高	
L-1	15.71			39.05			41.59			
L-2	15.4	15.17		33.02	34.71		38.89	38.36		未加固
L-3	14.4			32.06			34.6			
L-4	14.92	15.16		51.75	52.22	50.4%	59.68	59.14	54.2%	开裂后加固
L-5	15.4			52.7			58.6			
L-6	13.97						52.54			
L-7	14.29	14.3					53.81	56.03	46.1%	破坏后加固
L-8	14.6						61.75			
L-9	23.3			53.5			67.3			
L-10	24.97	23.89	57.5%	51.62	50.54	45.6%	63.97	64.4	67.8%	加固后加载
L-11	23.4			46.52			61.96			

由以上数据可以看出以下几点。

(1)开裂荷载主要是由试验过程中观察得到,两组二次受力加固梁的开裂荷载都与未加固的对比梁一致,因为第一组加固试件是与对比梁类似的试件开裂后再加固,而第三组一次受力加固试件是对比梁完全破坏后再进行加固,开裂荷载提高不大。最后一组一次受力加固梁由于是加固后再加载,其开裂荷载与对比梁相比要提高 57.5%。

(2)屈服荷载是由试验中粘贴在混凝土梁主筋上应变片测量的应变变化得到的,第一组加固方案屈服荷载的提高效果还是比较明显的,达到了 50.4%,与加固方式有关;第二组加固方案是钢筋完全屈服后加固的,因此无法衡量其屈服荷载的提高;第三组一次受力屈服荷载的提高达到 45.6%,但是屈服荷载的提高不能完全作为衡量加固补强效果的标准,因为屈服荷载是混凝土梁内钢筋应力达到其屈服强度的反映。无论在梁外是否锚固预应力筋,只要混凝土梁内钢筋的应力达到其固有值,就会出现屈服。

梁体外的预应力筋只是推迟或者提高钢筋达到屈服的荷载,预应力相对较高,推迟钢筋屈服的荷载就高,但是并不能消除钢筋屈服这一固有特性,也不能提高或减少钢筋本身屈服强度,因此衡量加固效果的标准应该是承载能力(破坏荷载)的提高。

(3)3 组加固梁与对比梁相比较,破坏荷载分别提高了 54.2%、46.1% 和 67.8%,基本反映了加固效果。对开裂荷载、屈服荷载和破坏荷载来讲,以破坏荷载的提高最为明显,其提高的绝对量是最大的,这是因为混凝土梁钢筋屈服后基本上不能再增加承受荷载了。但是,锚固纤维筋材料加固后,钢筋屈服后,纤维筋仍处于弹性阶段,蕴藏着很高的强度储备,仍然能够承受荷载,直到纤维筋断裂。

20.2.4　荷载—挠度曲线

试验结果表明,加固试件的挠度曲线与未加固试件的挠度曲线都存在 2 个几何拐点,试件开裂时和试件屈服时,其破坏过程可近似分为 3 个阶段:第一阶段为开裂前的工作阶段;第二阶段为带裂缝工作阶段,裂缝逐渐开展;第三阶段为钢筋屈服至破坏阶段。与未加固试件不同的是,加固试件在其屈服以后,仍然具有很大的后继承载力,但其变形能力已经有相当的减弱。

从加载过程中梁沿长度方向的挠度曲线,我们可以看出无论是对比梁还是加固后的梁,在荷载作用下梁的挠度均是跨中最大,向两边逐渐减小,整个挠度曲线呈现正弦曲线的特征,并且正弦曲线的曲度随荷载的增加而逐渐增大。

如图 20-11～图 20-18 所示,以 L-1、L-4 和 L-6 梁为例具体分析如下。

荷载—挠度曲线的形状直接反映了加固梁刚度的变化情况。通过比较发现,未加固试件主筋屈服后在承载能力增加极少的情况下变形增加较大。加固试件相对于未加固试件变形发展缓慢,在钢筋屈服以后表现更为明显。在未加固试件屈服荷载($P_y=34.71$ kN)附近,未加固试件、一次受力试件、二次受力试件的挠度相差不大,试件的刚度差别不是很明显;但在未加固试件极限荷载($P_u=38.36$ kN)附近,未加固试件与加固试件的挠度值的差别很明显,试件的刚度差别显著。加固试件中一次受力与二次受力试件差别不明显;另外,在二次受力试件中,因初始加载方式不同,在加载前期差别比较显著,但后期差别不大。

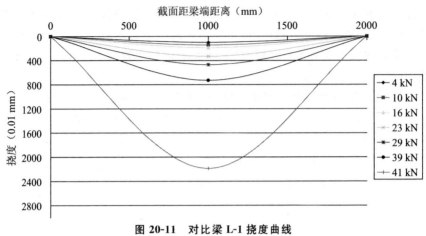

图 20-11 对比梁 L-1 挠度曲线

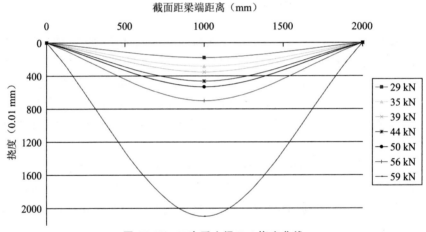

图 20-12 二次受力梁 L-4 挠度曲线

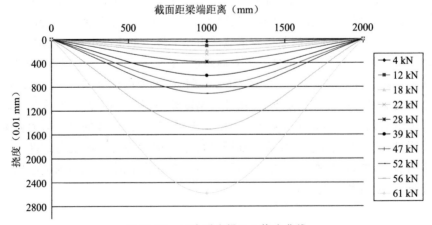

图 20-13 二次受力梁 L-6 挠度曲线

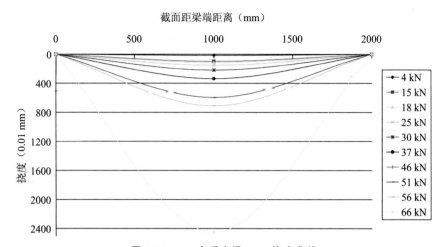

图 20-14　一次受力梁 L-11 挠度曲线

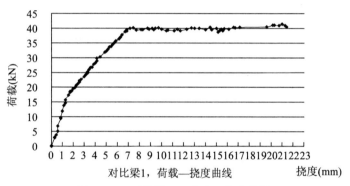

图 20-15　对比梁 L-1 荷载—挠度曲线

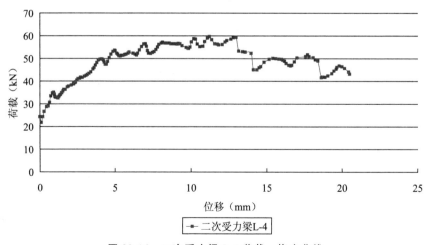

图 20-16　二次受力梁 L-4 荷载—挠度曲线

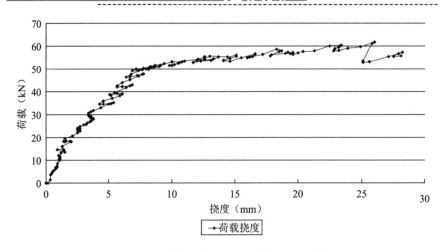

图 20-17　灌胶加固梁 L-6 荷载—挠度曲线

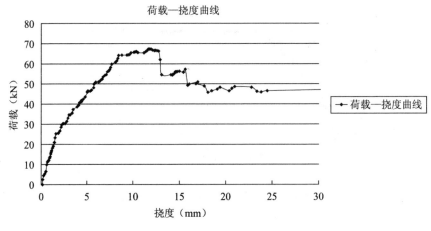

图 20-18　一次受力梁 L-9 荷载—挠度曲线

20.2.5　梁主筋荷载—应变关系曲线

梁主筋的荷载—应变关系曲线(图 20-19)显示了梁底部钢筋应变随荷载的变化情况。加固后的试件在钢筋屈服前,钢筋和纵向预应力筋协调变形,由于纵向预应力筋承受一部分的应力,相同荷载时,加固后的试件的受拉钢筋应变比未加固试件的要小,纵向预应力筋和纵向钢筋间的这种应力重分布的结果,使受拉钢筋应力减小。纵筋屈服后,这种应力重分布现象更为显著,此时,加固试件主要通过纵向碳纤维筋拉应力的增大来抵抗弯矩,而纵向碳纤维筋拉应力的增大势必引起碳纤维筋的拉断。因此,在梁底施加预应力后再浇砂浆,对纵向碳纤维筋的拉断起到了保护作用。

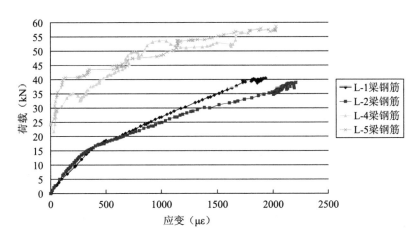

图 20-19　试验梁钢筋的荷载—应变曲线

　　灌胶加固二次受力梁的钢筋已经屈服,因此没有分析灌胶加固的二次受力梁的钢筋应变,对于对比梁和二次受力梁,在梁开裂后,二次受力梁的钢筋应变值全部归零,从图中可以清晰地看出,当钢筋屈服后,各试件纵筋应变的大小关系。而在钢筋屈服前,加固试件的钢筋应变关系不很明确,这说明碳纤维筋在钢筋屈服后的作用效果更加显著。

20.2.6　梁底碳纤维预应力筋荷载—应变关系曲线

　　下面以 L-4 和 L-6 梁为例,绘制了受拉钢筋以及碳纤维筋的荷载—应变曲线,由图 20-20 和图 20-21 所示曲线可以看出以下几点。

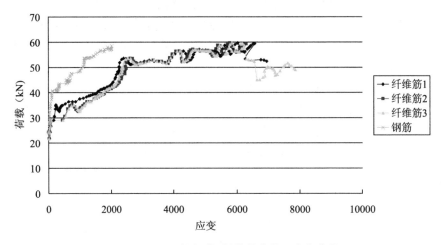

图 20-20　L-4 梁钢筋、纤维筋荷载—应变曲线

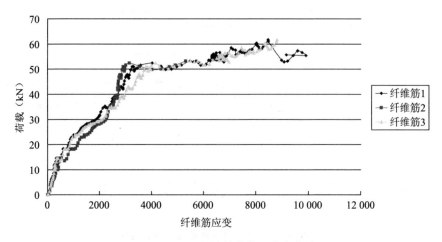

图 20-21　L-6 纤维筋荷载—应变曲线

(1)试验过程中,碳纤维筋与钢筋应变在加荷初期很小,受拉区混凝土开裂前仅 100 $\mu\varepsilon$ 左右,而且碳纤维筋的应变略大于受拉纵筋的应变,符合平截面假定。

(2)试验梁开裂后,尤其是纵筋屈服后,两者应变开始急剧增加。随着施加荷载的不断加大,碳纤维筋应变的发展速度开始逐渐大于钢筋应变的发展速度,最后导致碳纤维筋的应变比纵筋应变大。这种差异在纵筋屈服时为 750 $\mu\varepsilon$ 左右,在此之后差异越来越大,当达到一定荷载时(钢筋应变为 1600 $\mu\varepsilon$),钢筋不能再承担的多余荷载,新增荷载几乎全部由碳纤维筋承担,最终碳纤维筋的应变达到 10 000 $\mu\varepsilon$ 左右。

(3)从图 20-20 中我们可以看到,碳纤维筋的存在使得加固梁钢筋的应变发展滞后于对比梁。这种应变滞后在加荷初期并不明显,当荷载较大时,这种现象将更加显著。荷载为 10 kN 时,加固梁 L-4 应变为 124 $\mu\varepsilon$,最多比对比梁 L-1 纵筋应变 197 $\mu\varepsilon$ 减小 37.1％。荷载为 21 kN 时,加固梁 L-4 中纵筋应变为 261 $\mu\varepsilon$,未加固梁 L-2 中纵筋应变为 771 $\mu\varepsilon$,碳纤维筋的使用使得纵筋应变减小 66％。

通过图 20-20 我们还可以发现,与一次受力试件相比,二次受力试件的碳纤维筋应变要小。在钢筋屈服前,在相同荷载作用下其应变大小关系为 L-4＞L-1;当受拉钢筋屈服以后,各试件碳纤维筋应变增长速度显著加快,而且达到极限弯矩时,碳纤维筋应变均基本接近极限拉断应变。

第 21 章　理论分析及试验对比

通过对试验数据的整理和分析,我们可以找到试验结果中存在的一些规律,对此还需要理论上的进一步的分析。本章的主要内容是在参考了钢筋混凝土梁的计算理论的基础上,分析预应力碳纤维筋加固混凝土梁在加载后的受力状态、荷载—应变关系以及碳纤维筋的受力情况和应力—应变关系,从而推导加固梁在一次受力状态下承载力理论,然后再根据一次受力梁承载力的计算理论并考虑二次受力梁与一次受力梁的联系和差别来推导出二次受力梁的承载力计算理论。

试验与理论分析都证实:在混凝土开裂之前,碳纤维预应力筋加固结构的受力性能与有粘结梁相似,在开裂之后小变形范围内,平截面假定适用于混凝土梁体的平均变形,也适用于预应力筋。

21.1　CFRP 筋加固混凝土结构受力材料的本构关系

21.1.1　按材料强度分析

在结构已受力状态下,不卸载而在结构上锚固 CFRP 筋时,CFRP 并未受力,只有在被加固结构"第二次受力"时,锚固的 CFRP 筋才开始受力。因此,在结构钢筋未屈服前,锚固的 CFRP 筋的应变始终滞后于原结构钢筋的累计应变,它们的应力—应变曲线见图 21-1;结构钢筋应力达到屈服状态时,应力保持不变,曲线为 OAD,但后锚固的 CFRP 筋的应力尚未达到极限荷载,应力应变继续增加。

21.1.2　按材料应变分析

相关规范规定:当钢筋拉应变 $\varepsilon_{sf} = 0.01$ 时为设计极限拉应变,应力—应变曲线为 OAG;拉断,曲线为 O'B'。

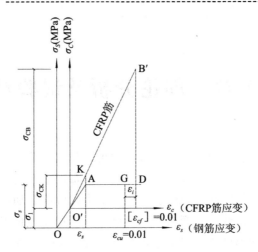

图 21-1　二次受力结构钢筋及后锚 FRP 筋应力—应变曲线

考虑二次受力，钢筋应变先达到极限应变 ε_{su}，CFRP 应变后达到允许 $[\varepsilon_{cf}]$，CFRP 极限应变与钢筋极限应变 ε_{su} 相差的值为初始应变 ε_i（见图 21-1）。

结构锚固 CFRP 预应力筋第二次受力后，施加预应力的 CFRP 筋有初始应变，应变归零后应力从零开始增加，与钢筋共同受力。当钢筋应力达到屈服时，相应 CFRP 的应力为 σ_{ck}，此时，钢筋的应力 σ_s 不再增加，保持不变，应变进入"流变"阶段。CFRP 筋应力和应变继续增加到极限强度 σ_{CB} 而断裂，丧失工作能力。但是，实际情况不像理想的那样，其理由：在初始荷载作用下，结构内钢筋未屈服前，在外表面已锚固了 CFRP 筋。混凝土开裂前钢筋和混凝土组成的结构截面应变保持着"平面假定"，即使钢筋应力达到屈服，整体结构尚未破坏，仍符合小变形假定，其应变亦不会违背此原则，钢筋不可能独立的自由变形；钢筋屈服后亦并非理想的塑性变形，还有个强化阶段，钢筋也不可能完全自由变形。总之，在加固结构二次受力过程中，结构钢筋及后锚 CFRP 筋仍保持着原有的本构关系，不同的是它们之间的应变遵循"平面假定"的原则。

21.2　基本假定

为了从理论上分析求解预应力纤维筋加固混凝土结构的承载力，参照《混凝土结构设计规范》(GB 50010—2010)规定，本试验作了如下的基本假定。

（1）不考虑混凝土的抗拉强度的影响，不考虑砂浆的抗拉强度的影响。

（2）钢筋与混凝土之间无滑移，应力应变连续。

（3）加固构件的二次受力的过程中，CFRP 筋材料的应变与钢筋、混凝土之间的应变满足应变协调原理。

（4）混凝土和钢筋的应力—应变关系按《混凝土结构设计规范》取，CFRP 筋的应力—应变为直线关系，此时，受拉区混凝十的作用不计，受拉区砂浆的作用不计。

（5）构件加固前后斜截面抗剪承载力足够。

（6）由于砂浆强度与混凝土强度接近，粘结力较强，不考虑砂浆与混凝土部分因时间（龄期）和环境、温湿度等的作用，即忽略混凝土的收缩、徐变和温湿度变化引起的内应力和变形形态，认为其与混凝土粘结有可靠的连接，整体性较好。

21.3 计算思想及计算理论

在正常使用极限状态范围内，一次受力和二次受力梁中的钢筋混凝土梁两部分都是满足线性应变关系的，在施加预应力浇砂浆进行养护后，相当于增大梁的截面，整体性较好，试验表明，预应力混凝土受弯构件与钢筋混凝土受弯构件相似，预应力纤维筋和非预应力钢筋的应力均可近似按平截面假定确定。

物理方程是各部分材料的应力—应变的关系，结构材料的应力是通过应变来计量的，因此它是内力的基础。平衡方程是荷载效应与抗力的平衡，只有通过平衡方程才能求解外荷载。钢筋混凝土梁的理论是忽略一些次要因素后由 4 个方面的条件推导得来的。预应力筋加固梁的二次受力理论差别在于几何方程的不同，因此在计算理论中采用特有的几何方程来解。

在部分已知应变的基础上作适当的符合实际的修正、调整使之满足梁的平衡，就得到梁的解。相反，经过修正、调整的应变是能反映真实的试验得出的应变，这样两者达到理论和实际的统一。

21.4 一次受力梁的承载力的计算方法与校验

21.4.1 一次受力梁的承载力的计算方法

确定梁的极限承载力的关键是建立一种符合实际的应变图形。在经过对试验数据的整理和分析后，认为加固后的试件中可近似类似于增大截面的混凝土双筋矩形截面梁的受弯构件的计算。计算简图见 21-2。

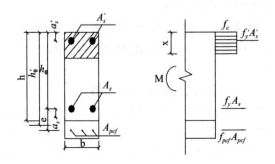

图 21-2　截面受力图

根据力的平衡方程和力矩的平衡条件,进行适当的修正。

(1)对比梁。由力的平衡条件可得:

$$\sum N = 0 \quad \alpha_1 f_c b x = f_y A_s - f'_y A'_s$$

由对受拉钢筋合力点取矩的力矩平衡条件,可得

$$\sum M = 0 \quad M_u = \alpha_1 f_c b x \times \left(h_0 - \frac{x}{2}\right) + f'_y A'_s (h_0 - a'_s)$$

由 $M_u = \dfrac{1}{4} P_u l_0$ 解之:

$$P_u = \frac{4M}{L - L_1}$$

(2)对于一次受力梁(浇砂浆增大截面)。

增大截面后,$h'_0 = h_0 + \Delta \times \eta$。

对受压钢筋合力点取矩的力矩平衡条件,可得

$$\sum M = 0 \quad M_u = \alpha_1 f_c b x \times \left(\frac{x}{2} - a_s\right) + f_{py} A_P (h'_0 + e - a_s) + f_y A_s (h'_0 - a_s)$$

式中:h_0 为对比梁的有效高度;h'_0 为增大截面后梁的截面有效高度;Δ 为截面增加高度;η 为截面修正系数;x 为梁受压区高度;b 为混凝土梁的高度;L、L_1 为梁长、纯弯区长度;a_s、a'_s 为分别为钢筋混凝土梁上部、下部钢筋保护层厚度;A_s、A'_s、A_P 为分别为受压钢筋、受拉钢筋、预应力筋的面积;f_c 为混凝土轴心抗压强度标准值;f_y、f'_y、f_{py} 为分别为受压钢筋、受拉钢筋、预应力筋屈服强度标准值;M_u 为梁的极限承载力。

21.4.2　计算理论的校验

为了验证公式的正确性和实用性,将数据代入公式进行计算,再将得到

的结果与实测结果进行比较。为了能与实际结果进行更有效的比较,公式中均采用实测材料强度值及标准值。比较结果见表 21-1。

表 21-1　一次受力极限承载力试验值与理论值的对比

状态		试件编号	试验值 M (kNm)	平均值 M (kNm)	理论计算值 M′(kNm)	M/M′
加固前	对比梁	L-1	15.6	14.39	13.50	1.15
		L-2	14.58			1.08
		L-3	12.98			0.96
加固后	一次受力 ($\varepsilon_i = 0$)	L-9	25.24	24.15	23.96	1.05
		L-10	23.99			1.00
		L-11	23.24			0.97

其中,$f_c = 20$ MP$_a$,$\alpha_1 = 1.0$,$f_y = 335$ MP$_a$,$f'_y = 235$ MP$_a$,$f_{py} = 1760$ MP$_a$,$L = 2000$ mm,$L_1 = 500$ mm,$\Delta = 50$ mm,$\eta = 0.85$,$h_0 = h - a_s = 175$ mm,$h'_0 = 217.5$ mm,$A_s = 226$ mm^2,$A'_s = 101$ mm^2,三根筋 $A_{pf} = 21.21$ mm^2。

由表中比较可以看出,利用以上的计算公式算出的一次受力梁的试验值与理论值相比较较为接近。

综上所述,理论计算公式是恰当的。

21.5　二次受力梁的承载力的计算方法与校验

21.5.1　二次受力梁的承载力计算方法

目前,碳纤维(CFRP)筋加固混凝土结构在实际工程中得到了迅速推广与应用。然而,从目前大量的理论研究和工程实践来看,用 CFRP 筋加固混凝土受弯构件时,存在几个问题:①CFRP 筋不能被充分合理地利用;②经使用阶段的加固效果不明显。针对上述情况,采取对 CFRP 筋先施加预应力再进行加固的方式,这样能充分发挥 CFRP 材料的高强特性,改善构件使用阶段的受力性能。同时,在实际工程中,加固构件都存在着初始弯矩,为了简化计算,当前所做的大量理论研究都未考虑。事实上所有的加固构件都存在二次受力问题,只不过为了简化计算而不考虑而已。这种简化方法过高地估算了构件的实际抗弯承载力。当所需加固的构件所受的初始弯矩较大时,这种计算方法是偏于不安全的。因此,在结构加固设计中,考虑初始弯矩的影响有着重要意义。

二次受力梁的应变图样式与一次受力梁应变图样式是相同的,不同的是多了初始应变。除了几何方程有所区别外,其余的均与一次受力梁相同。因此仅需对一次受力梁的几何方程进行符合实际的调整之后再联合物理方程和平衡方程求解。因此可利用一次受力梁的求解方法进行求解。

21.5.2 预应力 CFRP 筋后,CFRP 筋相对于钢筋和砼的超前或滞后应变 ε_{cf} 的计算

假定加固前构件所受的初始弯矩为 M_0,扣除各种预应力损失后,碳纤维筋上的最终预应力为:

$$T_{pcf} = E_{pcf}\varepsilon_{pcf} \cdot A_{pcf}$$

式中:E_{pcf} 为 CFRP 筋的弹性模量;ε_{pcf} 为 CFRP 筋的预拉应变;A_{pcf} 为 CFRP 筋的横截面积。

将 CFRP 筋中的预应力当作外力,以构件为研究对象,构件所受的总弯矩为:

$$M_1 = M_0 - T_{pcf} \cdot y_0$$

式中:y_0 为换算截面形心至截面纤维筋中心的高度。

若 $M_1 > M_{pcf}$,则说明预应力 CFRP 筋加固构件后裂缝尚为闭合,此时受拉区钢筋受拉。

若 $0 \leqslant M_1 \leqslant M_{pcf}$,则说明构件裂缝接近闭合,此时受拉区钢筋仍然受拉。

综合上述两种情况,当 $M_1 \geqslant 0$,即:

$$M_0 - E_{pcf}\varepsilon_{pcf} \cdot A_{pcf} \cdot y_0 \geqslant 0 \Rightarrow \varepsilon_{pcf} \leqslant \frac{M_0}{E_{pcf} \cdot A_{pcf} \cdot y_0}$$

时,钢筋受拉。

当 $M_1 < 0$ 时,说明构件裂缝已经闭合,此时受拉区的钢筋由受拉变为受压。对于该种情况,实际加固中意义不大,不予讨论。

钢筋受拉时 CFRP 筋的超前或滞后应变差为 ε_{pcf1}。当加固前混凝土梁所受初始弯矩相对较大,而加固时若 CFRP 筋中的预拉应力相对较小,这样加固后,钢筋应变虽然减小一部分,但不明显,最终 CFRP 的预拉应变比按应变协调原理推算出的应变要小,这种状态称为 CFRP 筋的应变滞后。相反,当加固前混凝土梁所受初始弯矩相对较小,因而钢筋的初始拉应变较小,若预应力加固时 CFRP 中的预应力相对较大,这样加固后,钢筋应变减

小，最终 CFRP 筋的预拉应力比按应变协调原理算出的应变要大，该状态称为 CFRP 的应变超前。

此时构件在 M_1 作用下的截面应变与应力状态如图 21-3 所示。图中 ε_{pcf0} 为按变形协调条件在 M_1 作用下边缘的应变。

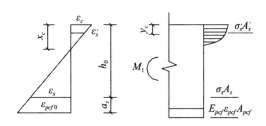

图 21-3 M_1 作用下的应力—应变图（钢筋受拉，
混凝土受压区在上部）

由图中应变几何关系可得：

$$\frac{\varepsilon_c}{\varepsilon_s} = \frac{x_c}{h_0 - x_c} \Rightarrow \varepsilon_s = \frac{h_0 - x_c}{x_c} \cdot \varepsilon_c \quad (21.5.1)$$

受压区混凝土的合力可由积分得到：

$$F = \int_0^{x_c} bf_c \left[2\left(1 - \frac{x}{x_c}\right) - \frac{\varepsilon_c}{\varepsilon_0} - \left(1 - \frac{x}{x_c}\right)^2 \left(\frac{\varepsilon_c}{\varepsilon_0}\right)^2 \right] d_x$$

$$= bf x_c \frac{\varepsilon_c}{\varepsilon_0} \left(1 - \frac{\varepsilon_c}{3\varepsilon_0}\right) \quad (21.5.2)$$

合力 F 的作用点离受压区混凝土边缘距离为：

$$y_c = \frac{1}{c} \int_0^{x_c} x bf_c \left[2\left(1 - \frac{x}{x_c}\right) - \frac{\varepsilon_c}{\varepsilon_0} - \left(1 - \frac{x}{x_c}\right)^2 \left(\frac{\varepsilon_c}{\varepsilon_0}\right)^2 \right] d_x = \frac{1 - \frac{\varepsilon_c}{4\varepsilon_0}}{3 - \frac{\varepsilon_c}{\varepsilon_0}}$$

$$(21.5.3)$$

钢筋的拉力： $\qquad T_s = \sigma_s A_s = E_s \varepsilon_s A_s \qquad (21.5.4)$

由力的平衡关系： $\quad F = T_s + E_{pcf} \varepsilon_{pcf} A_{pcf} - T'_s \qquad (21.5.5)$

由弯矩平衡（对形心轴取矩）：

$$F \cdot (h - y_0 - y_c) + T_s \cdot (y_0 - a_s) + T'_s \cdot (y_c - a'_s) = M_0 - T_{pcf} \cdot y_0$$

$$(21.5.6)$$

将(21.5.1)～(21.5.4)式代入式(21.5.5)和式(21.5.6)中，可以求出 x_c、ε_c，从而由应变协调原理可求出对应的 CFRP 筋应变为：

$$\varepsilon_{pcf0} = \frac{h - x_c}{x_c} \varepsilon_c = \frac{h - x_c}{h_0 - x_c} \varepsilon_s \quad (21.5.7)$$

而此时 CFRP 筋实际应变为 ε_{pcf}，从而得出 CFRP 的超前或滞后应变为：

$$\varepsilon_{pcf1} = \varepsilon_{pcf} - \varepsilon_{pcf0} = \varepsilon_{pcf} - \frac{h-x_c}{h_0-x_c}\varepsilon_s \qquad (21.5.8)$$

当 $\varepsilon_{pcf1} > 0$，即 $\varepsilon_s < \frac{h_0-x_c}{h-x_c}\varepsilon_{pcf}$ 时，说明 CFRP 筋的实际应变比按应变协调原理计算出的要大，此时 ε_{pcf1} 为超前应变。

当 $\varepsilon_{pcf1} < 0$，即 $\varepsilon_s > \frac{h_0-x_c}{h-x_c}\varepsilon_{pcf}$ 时，说明 CFRP 筋的实际应变比按应变协调原理计算出的要小，此时 ε_{pcf1} 为滞后应变。

21.5.3　构件屈服弯矩 M_y 的计算

构件的屈服弯矩就是钢筋的屈服弯矩，受拉钢筋屈服时，受压区混凝土的应变一般小于 0.002，截面应变及应力状态如图 21-4 所示。

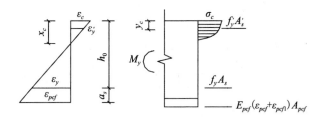

图 21-4　计算 M_y 时的应变及应力图

由应变几何关系可得：

$$\frac{\varepsilon_c}{\varepsilon_y} = \frac{x_c}{h_0-x_c} \Rightarrow \varepsilon_c = \frac{x_c}{h_0-x_c} \cdot \varepsilon_y \qquad (21.5.9)$$

$$\frac{\varepsilon_{cf}}{\varepsilon_y} = \frac{h-x_c}{h_0-x_c} \Rightarrow \varepsilon_{cf} = \frac{h-x_c}{h_0-x_c} \cdot \varepsilon_y \qquad (21.5.10)$$

根据内力平衡：

$$f_c b x_c \frac{\varepsilon_c}{\varepsilon_0}\left(1-\frac{\varepsilon_c}{3\varepsilon_0}\right) = E_{pcf}(\varepsilon_{pcf}+\varepsilon_{pcf1})A_{pcf} + f_y A_s - f'_y A'_s$$

$$(21.5.11)$$

将(21.5.9)、(21.5.10)式代入式(21.5.11)，可求出此时的受压区高度 x_c，再进一步求出 ε_{cf}。ε_{cf} 为钢筋屈服时由应变协调原理推出的对应应变，而实际上由于刚开始 CFRP 筋超前或滞后一个应变 ε_{cf1}，故此时的 CFRP 筋的实际拉应变为 $\varepsilon_{pcf}+\varepsilon_{pcf1}$。

（1）当 CFRP 筋的实际应变 $\varepsilon_{pcf}+\varepsilon_{pcf1}\geqslant[\varepsilon_{pcf}]$ 时，其中 $[\varepsilon_{pcf}]$ 为 CFRP 筋的允许极限拉应变），说明刚开始 CFRP 筋中的预应力过大，在钢筋屈服时 CFRP 筋已经达到允许极限拉应变，这种情况下在加固时应加以避免。

（2）当 CFRP 筋的实际应变 $\varepsilon_{pcf}+\varepsilon_{pcf1}\geqslant[\varepsilon_{pcf}]$ 时，说明 CFRP 达到允许极限拉应变，钢筋已屈服，其破坏有一定的延性。所以加固设计中应保证 $\varepsilon_{pcf}+\varepsilon_{pcf1}\geqslant[\varepsilon_{pcf}]$，根据该条件，可求出 CFRP 筋刚开始的一个预拉应变限值。

这种情况下构件的屈服弯矩：

$$M_y=f_yA_s(h_0-y_c)+E_{pcf}(\varepsilon_{pcf}+\varepsilon_{pcf1})A_{pcf}(h-y_c)+f'_yA'_s(y_c-a'_s)$$

21.5.4　混凝土压碎时构件极限弯矩 M_u 的计算

通过理论分析，构件达到极限状态时的破坏形式有 3 种：①受压区混凝土压碎；②碳纤维筋达到允许极限拉应变 $[\varepsilon_{pcf}]$；③砂浆与混凝土界面剥落，纤维筋突然被拉断。

其中第③种破坏形式非常突然，是设计时应当避免的。

混凝土压碎时极限承载力 M_u 的计算。此时截面的应力—应变状态如图 21-5 所示。

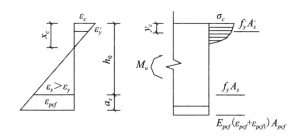

图 21-5　破坏形式为混凝土压碎时的应变及应力图

由应变几何关系知，受压区混凝土达到 ε_{cu} 时，对应的 CFRP 的应变应为：

$$\varepsilon_{pcf}=\frac{h-x_c}{x_c}\varepsilon_{cu} \tag{21.5.12}$$

由于 CFRP 筋刚开始超前或滞后一个应变值，其实际拉应变为 $\varepsilon_{pcf}+\varepsilon_{pcf1}$。即

$$\alpha_1f_cbx+f'_yA'_s=f_yA_s+E_{pcf}(\varepsilon_{pcf}+\varepsilon_{pcf1})A_{pcf} \tag{21.5.13}$$

其中

$$x_c = \frac{x}{0.8} \qquad (21.5.14)$$

将(21-12)、(21-14)代入(21-13)求出 x,则极限弯矩为:

$$M_u = \alpha_1 f_c bx \times \left(h_0 - \frac{x}{2}\right) + f_y A_s \left(h_0 - \frac{x}{2}\right) +$$

$$E_{pcf} \left[\frac{h - \frac{x}{0.8}}{x/0.8} \varepsilon_{pcu} + \varepsilon_{pcf1}\right] A_{pcf} \left(h_0 - \frac{x}{2}\right)$$

21.5.5 CFRP 筋达到允许拉应变时 $[\varepsilon_{pcf}]$ 构件极限弯矩 M_u 的计算

当 CFRP 筋应变达到 $[\varepsilon_{pcf}]$ 时,受拉钢筋已屈服,CFRP 筋的实际应变增量为 $[\varepsilon_{pcf}] - \varepsilon_{pcf1}$,根据受压区混凝土应变大小分成两种情况分别计算。

(1)当 $\varepsilon_c < 0.002$,由图 21-6 中的应变几何关系可得:

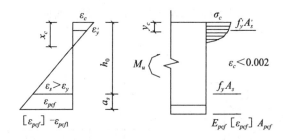

图 21-6　破坏形式为 CFRP 筋拉断时的应变及应力图 1

$$\varepsilon_c = \frac{x_c}{h - x_c}([\varepsilon_{pcf}] - \varepsilon_{pcf1}) \qquad (21.5.15)$$

$$f_c bx_c \frac{\varepsilon_c}{\varepsilon_0}\left(1 - \frac{\varepsilon_c}{3\varepsilon_0}\right) + f'_y A'_s = f_y A_s + E_{pcf}[\varepsilon_{pcf}] A_{pcf} \qquad (21.5.16)$$

从以上两式可求出 x_c、ε_c,从而求出混凝土压力作用点离受压边缘的距离 y_c,即

$$y_c = \frac{1 - \frac{\varepsilon_c}{4\varepsilon_0}}{3 - \frac{\varepsilon_c}{\varepsilon_0}} \qquad (21.5.17)$$

则极限弯矩

$$M_u = f_y A_s (h_0 - y_c) + E_{pcf} [\varepsilon_{pcf}] A_{pcf} (h - y_c) + f'_y A'_s (y_c - a'_s)$$

$$(21.5.18)$$

(2)当 $\varepsilon_0 = 0.002 \leqslant \varepsilon_c \leqslant \varepsilon_{cu} = 0.0033$ 时，由图 21-7 的应变几何关系可得

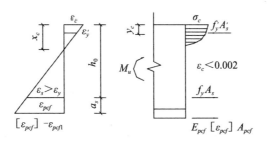

图 21-7　破坏形式为 CFRP 筋拉断时的应变及应力图 2

$$\varepsilon_c = \frac{x_c}{h - x_c} ([\varepsilon_{pcf}] - \varepsilon_{pcf1}) \qquad (21.5.19)$$

混凝土合力 $\qquad F = \alpha_1 f_c b x_c - \frac{f_c b}{3} \cdot x_a \qquad (21.5.20)$

由应变几何关系 $\qquad x_a = \frac{\varepsilon_0}{\varepsilon_c} \qquad (21.5.21)$

由力的平衡关系 $\qquad F = f_y A_s + E_{pcf} \varepsilon_{pcf} A_{pcf} - f'_y A'_s \qquad (21.5.22)$

将(21.5.19)～(21.5.21)代入(21.5.22)中，可求出 x_c、ε_c，此时混凝土压力作用点离受压边缘的距离

$$y_c = \frac{1 - \frac{\varepsilon_c}{4\varepsilon_0}}{3 - \frac{\varepsilon_c}{\varepsilon_0}} y_c = \frac{\frac{1}{2} - \frac{\varepsilon_c}{3\varepsilon_0} + \frac{1}{12}\left(\frac{\varepsilon_c}{\varepsilon_0}\right)^2}{1 - \frac{\varepsilon_c}{3\varepsilon_0}} x_c$$

则极限弯矩

$$M_u = f_y A_s (h_0 - y_c) + E_{pcf} [\varepsilon_{pcf}] A_{pcf} (h - y_c) + f'_y A'_s (y_c - a'_s)$$

21.5.6　计算理论的校验

为了验证公式的正确性和实用性，将数据代入公式进行计算后将得到的结果与实测结果进行比较。根据二次受力的基本假定，用材料的标准值和实际测得的强度值来检验实际试验值（表 21-2）。

表 21-2 二次受力极限承载力试验值与理论值的对比

状态		试件编号	试验值 M(kNm)	平均值 M(kNm)	理论计算值 M'(kNm)	M/M'
加固前	对比梁	L-1	15.6	14.39	13.50	1.15
		L-2	14.58			1.08
		L-3	12.98			0.96
加固后	二次受力 $(\varepsilon_i \neq 0)$	L-4	22.38	22.18	20.26	1.10
		L-5	21.98			1.08

21.6 一次受力梁、二次受力梁的比较分析

通过上面两节的理论推导,我们建立了 CFRP 预应力筋加固钢筋混凝土梁的一次受力和二次受力构件的计算公式。在确定了梁截面上应变的分布后,是完全可以根据梁的理论进行计算的。计算中所用的折减系数的确定,也是根据分析梁工作原理并结合试验的数据得来的。为了验证计算结果的实用性与准确性,我们对理论计算结果与试验结果进行了比较。见表 21-3。

表 21-3 计算结果与试验结果的比较

试件受力状态	理论计算承载力(kN)	实测荷载(Kn)	测量值/计算值
一次受力梁	64.4	63.9	0.99
二次受力梁	54.03	59.15	1.09

由表中可得出以下结论。

(1)一次受力梁的正常使用极限承载力与二次受力梁的正常使用极限承载力相近。

(2)通过分析一次受力和二次受力的工作原理,可知二者正常使用极限状态承载力大致相等。需要说明的是,梁的计算理论中所采用的一些参数是通过分析并结合试验结果得到的。而这些参数又与很多因素相关,在设计时准确地确定这些参数有较大的难度。

（3）一次受力和二次受力时,混凝土梁试验测得的正常使用的极限荷载与理论计算荷载的比值为 0.99、1.09,这说明理论计算采用的计算方法是符合试验模型的。

（4）由于试验的复杂性和条件的限制,导致理论和实际有一定的差别,但是其趋势是正确的。

21.7　结论

通过上面的分析,加固梁的开裂荷载与极限荷载均有所提高,尤其是极限荷载的提高幅度更大。梁一旦开裂,纵向钢筋会逐渐趋于屈服,CFRP 筋的应变增长加快,CFRP 预应力筋的作用得到逐步发挥,同时,加固梁的承载力会随着预应力的强度的提高而大幅增加。

1. 开裂荷载

通过数据我们可以发现,一次受力试件及灌胶加固二次受力试件的开裂荷载相差不大、基本相同,这表明:碳纤维筋加固对梁的开裂荷载影响很小。其原因在于试件的开裂具有随机性,另外在第一组二次受力试件中,由于碳纤维筋还没有处于完全受力状态,未充分发挥其作用,所以开裂荷载较一次受力构件较小。

2. 屈服荷载

我们可以发现,碳纤维筋加固对试件的屈服荷载的提高很有帮助。第一组二次受力加固试件的屈服荷载是对比试件的 1.5 倍,第二组灌胶加固试件因在加固前钢筋就已经屈服了,所以无法比较其与对比梁的屈服荷载,一次受力加固试件的屈服荷载是对比试件的 1.56 倍。二次受力历程中,加固前的作用的初始荷载越大,相应试件的屈服荷载越小。

3. 极限荷载

梁的正截面抗弯极限承载力的试验值与理论值符合较好,一次受力试验值与理论值的比值为 0.99,第一组二次受力试验值与理论值比值为 1.09,通过试验数据分析可得:第一组二次受力加固梁的极限荷载是未加固试件的 1.54 倍,第二组灌胶加固二次受力的极限荷载是未加固试件的 1.46 倍,一次受力的极限荷载是未加固试件的 1.68 倍。

　　CFRP 预应力筋对梁的极限承载力的提高可达到 50％左右,这说明 CFRP 筋是一种加固效果明显的材料。另外,总地来说,在二次受力试件中,初始荷载的大小无论是从理论计算所得结果还是通过试验所得的结果都对试件极限承载力存在一定的影响,但影响不大,其值不超过 5％。所以从方便生产的角度出发,我们在进行加固设计时可将二次受力试件当作一次受力试件来考虑。

第 22 章　CFRP 筋加固混凝土结构有限元的模拟分析

22.1　有限元分析模型的确定

CFRP 筋加固混凝土结构的有限元分析也应根据求解问题的具体要求、计算精度的具体情况来选择相应的有限元计算模型。目前构成钢筋混凝土结构的有限元模型一般主要有三种方式:整体式、分离式和组合式。

1. 整体式模型

当分析区域较大时,受计算机软件和硬件的限制,无法将钢筋和混凝土分别划分单元,同时人们所关心的计算结构是在外荷载作用下的宏观反映(如结构的总体位移和应力分布情况等),这种情况采用整体模型比较合适。

在整体式有限元模型中,将钢筋弥散于整个单元中,并把单元视为连续均匀的材料。钢筋对整个结构的贡献,可以通过调整单元的材料力学性能参数来体现,如提高材料的屈服强度、材料的弹性模量等。钢筋对结构贡献的另一种处理方法是一次求得综合的单元刚度矩阵。

整体式模型的缺点是显而易见的,它无法揭示钢筋和混凝土之间相互作用的微观机理。

2. 分离式模型

与整体式模型相反,分离式模型将混凝土和钢筋各自划分足够小的单元,按照混凝土和钢筋不同的力学性能,选择多种不同单元形式。对于三维应力应变问题,混凝土材料可以划分为四面体单元、八结点六面体单元等。钢筋同样可以划分为这种单元,但考虑到钢筋几何形状相对于混凝土是细长的,通常采用杆单元,这样处理的好处是可以大大减少单元和结点数目,并且可以避免因钢筋单元划分过细而在钢筋和混凝土的交界面采用太多的过渡单元。

分离式模型可揭示钢筋和混凝土之间相互作用的微观机理,这是整体式模型无法做到的。当然,分离式模型对计算机容量和速度的要求比较高,在需要对结构构件内微观受力机理进行分析研究时,分离式模型的优点显得尤为突出。

3. 组合式模型

组合式模型介于整体式和分离式模型之间。组合式模型假定钢筋和混凝土两者之间相互粘结很好,不会发生相对滑移。于是在单元分析时,可分别求得混凝土和钢筋对单元刚度矩阵的贡献,组成一个复合的单元刚度矩阵。最常见的组合模型有两种方式:第一种为分层组合式;第二种为混凝土和钢筋复合单元。

本次有限元分析中,为了揭示 CFRP 筋、钢筋和混凝土之间相互作用的微观机理,选用分离式模型建模,不考虑钢筋与混凝土之间的相对滑移,并根据钢筋、混凝土、CFRP 筋各自的特点选择不同的单元进行划分。

22.2　单元的选取

22.2.1　混凝土单元

混凝土选用 solid65(3-D Reinforced Concrete Solid)单元,solid65 是 8 结点实体,其具有受拉开裂及压碎的特性,可用来模拟混凝土结构。其每个结点有 3 个自由度(X、Y、Z 方向的平移自由度)。

22.2.2　钢筋单元

两结点 Link8 单元可用来模拟钢筋,在每一个结点上有 3 个平移自由度(X、Y、Z 方向),并且是单轴受力。这种单元具有塑性应变、蠕变、膨胀及大变形的能力,在应用中主要输入单元号、横截面和初应力等常数。

22.2.3　纤维筋单元

LINK10 单元独一无二的双线性刚度矩阵特性使其成为一个轴向仅受拉或仅受压杆单元。使用只受拉选项时,如果单元受压,刚度就消失,以此来模拟缆索的松弛或链条的松弛。

22.2.4　支座及加载点处的钢垫板

为了防止支座和加载点处过早的产生应力集中,分别在支座和加载点处加一块钢垫板。钢垫板用八结点实体单元 solid45 模拟,solid45 单元每个结点有 3 个自由度(X、Y、Z 方向的平移自由度),单元的几何形状及结点位置与 solid65 一致。

22.3　试验梁的 ANSYS 有限元软件分析

ANSYS 有限元软件分析试验梁的步骤分为 3 部分。

22.3.1　前处理过程

(1)创建模型:这是模拟的必要条件,只有建立的模型和实际的结构一致才能进行模拟。

(2)定义材质属性:把材质赋给实体之后实体才有刚度和吸能能力。它也是应力和应变之间建立联系的桥梁,因为它是本构方程的体现。目前为止,结构方面都是间接求应力的,都是根据它所发生的应变来推得结构所受的应力。

(3)定义单元类型:定义单元类型的过程,也就是选择形函数的过程,同时也是选择位移场的过程。

(4)根据单元的几何特性定义实常数(有些单元没有实常数):这也是建模的一部分,也是从形体上模拟实物。具体表现为定义钢筋面积,混凝土没有实常数,它们的形体通过建模的大小来实现。

(5)剖分单元:也就是实现在分片(单元)上进行插值。适当的剖分很重要,对于复杂形体的结构,单元剖分的小,最后由单元构成的实体就与所要模拟的实体在形体上差别小。但是计算量大,计算所花的时间长。

22.3.2　施加荷载及求解过程

(1)选择分析类型:选择计算的模式,对本模型选静力计算。

(2)施加约束条件:也是模拟实际结构的约束。在模拟梁的左端有 X,Y,Z(轴向)方向的约束,在右端有 X 和 Y 方向的约束。

（3）施加荷载：模拟实际结构的受力。表现为在梁上部两集中力处施加荷载，用面力代替集中力加在面积上，计算时转化为结点力。这样力分布均匀，有利于结构的计算。

（4）设置求解控制：求解时一些允许的误差、荷载步及荷载的子步等，属于计算方法的范畴，合理地设置这些参数有助于求解的收敛及减少计算的时间。

（5）求解计算：通过软件的求解器计算结果。

22.3.3　查看及处理分析结果

（1）查看分析结果：通过后处理器可以查看结构的位移、应变、应力等结果，也可以看矢量图、云图等。

（2）检验结果的正确性与合理性：根据一些基本常识，了解结构受力的一些大致趋势，如哪部分应力大、哪部分为压应变等。在本模型中要判断的钢筋、混凝土的应力、应变，一次受力与二次受力梁的挠度、混凝土的最大压应变等。

（3）处理分析结果：结构软件分析的结果，往往与实际情况有一定的差异，有多方面的因素，合理地找出这些差别的原因能更清楚地理解结构受力后的工作原理。

对本次试验进行的 ANSYS 模拟分为两部分：第一部分是对一次受力构件的模拟分析，第二部分是对二次受力构件的模拟分析。

22.3.4　一次受力梁

首先分析一次受力构件。钢筋混凝土梁采用是分离式的模型，即混凝土和钢筋分别用不同的单元进行模拟。它们在节点处过接，没有相对滑移。

结构的几何模型如图 22-1、图 22-2，模型建立之后，定义材料的物理力学性能。各种材料的基本参数的设定主要是根据《混凝土结构设计规范》（GB 50010—2010）确定的材料强度标准值。其中没有的材料参数根据试验测得的数据确定。

按照材料线膨胀系数加预应力后构件的钢筋应力图、混凝土应力图以及纤维筋的应力图分别如图 22-3～图 22-5 所示。

经 ANSYS 模拟计算，得到一次受力构件在破坏荷载 64 kN 条件下的应变及变形，见图 22-6～图 22-9。

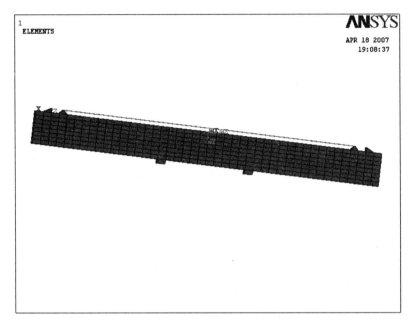

图 22-1　一次受力梁的模型图(施加预应力后)

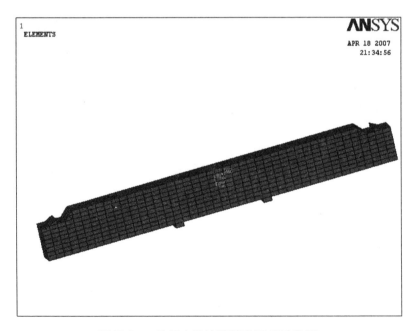

图 22-2　一次受力梁的模型图(浇完砂浆后)

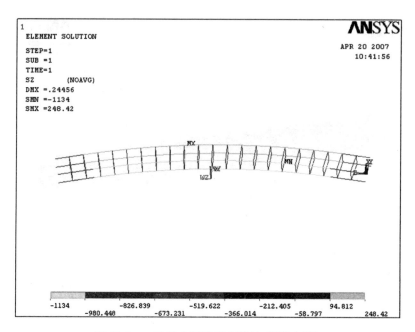

图 22-3　一次受力钢筋应力图（加预应力后）

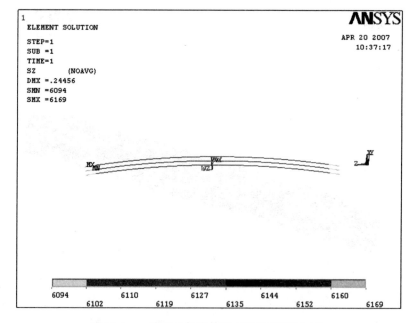

图 22-4　一次受力纤维筋应力图（加预应力后）

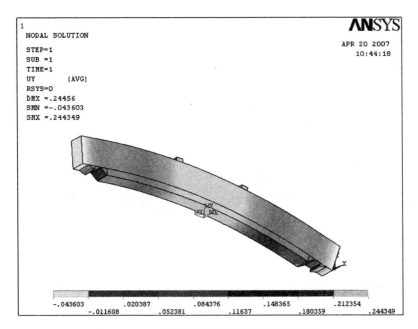

图 22-5　一次受力梁的位移图（加预应力后）

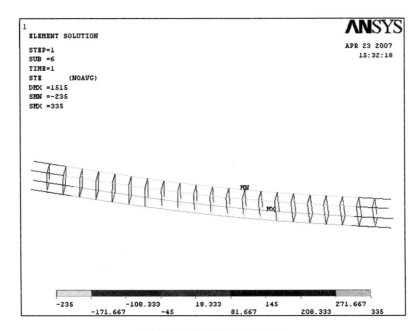

图 22-6　破坏后钢筋应变图

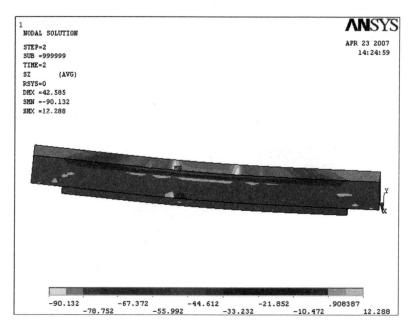

图 22-7　破坏后混凝土应力图

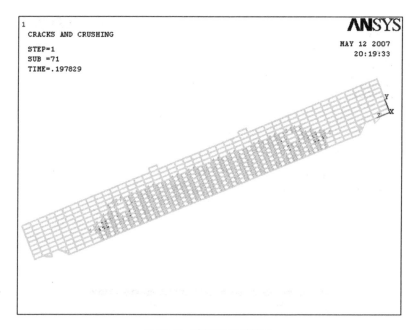

图 22-8　破坏后梁裂缝图

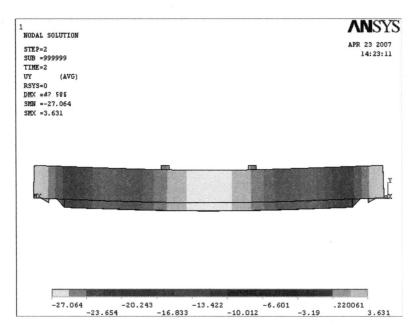

图 22-9　破坏后梁的位移图

　　二次受力构件的模型建立、材料选用、网络划分及约束的施加都与一次受力构件相同,因此采用一次受力梁的模型、材料、网络剖分。为了解决二次受力问题,用到了 ANSYS 有限元分析过程中的单元的生死(Birth and Dead)来控制预应力筋参与工作。单元生死的作用是可以控制单元的刚度矩阵对整体刚度矩阵做出贡献(单元生),或不做出贡献(单元死)。利用单元生死的方法可以先将预应力筋杀死,再加初始荷载进行计算。计算之后,激活预应力筋单元,再次加载进行计算,从而在 ANSYS 中再现二次受力构件的加载过程,这种方法在模拟施工中得到了广泛的应用。单元的生死从有限元上看就是活单元的节点发生位移要吸能,也就是节点的位移对节点所在的单元做了功,而死单元的节点发生位移,其对单元所做的功是不计入的,或者说用 0 来替代节点对单元所做的功。本次 AN-SYS 模拟二次受力的初始荷载为 14.8 kN,二次受力梁裂缝图及应力图如图 22-10～图 22-16 所示。

　　施加预应力后的梁的应力应变图如图 22-12、图 22-13 所示。

　　破坏后梁的应力应变图以及裂缝图如图 22-14～图 22-16 所示。

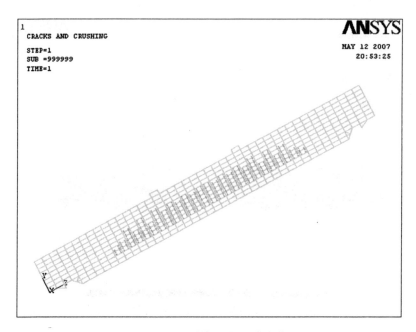

图 22-10　梁裂缝图（加预应力前）

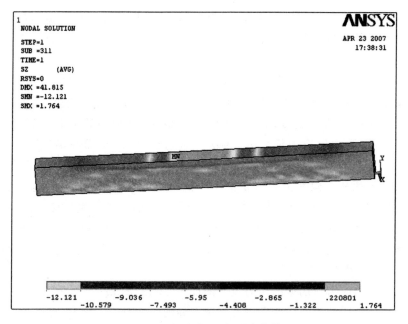

图 22-11　梁应力图（加预应力前）

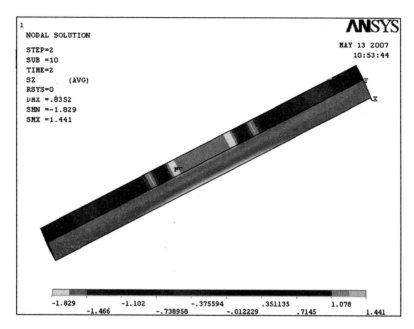

图 22-12　梁混凝土应力图（加预应力后）

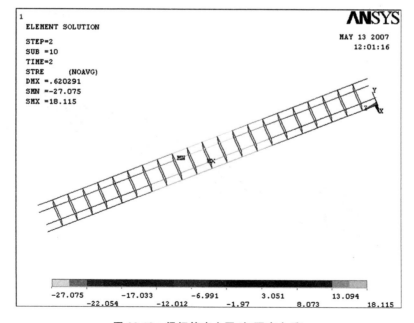

图 22-13　梁钢筋应力图（加预应力后）

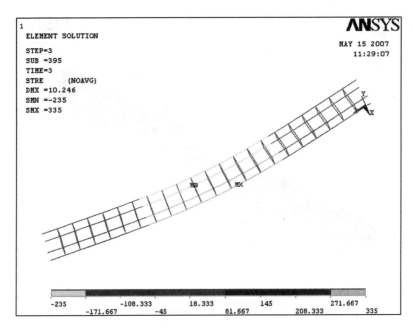

图 22-14 梁钢筋应力图（梁破坏后）

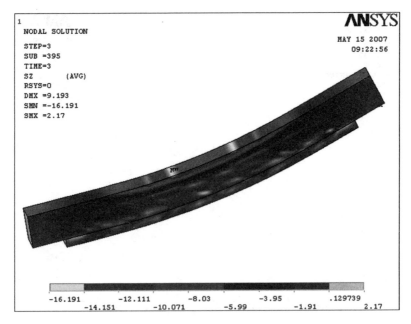

图 22-15 梁混凝土应力图（梁破坏后）

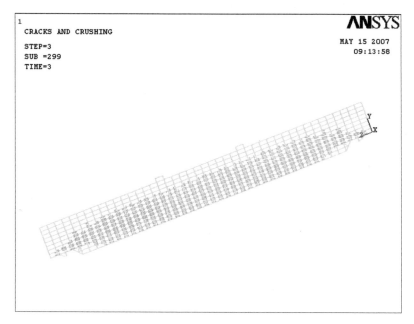

图 22-16　梁裂缝图（破坏后）

22.4　有限元软件分析结果与试验及理论结果的比较分析

有限元软件分析结果与试验及理论结果的比较分析结果如表 22-1 所示。

表 22-1　对比结果

梁编号	梁类型	试验值（MPa）	ANSYS 计算值（MPa）	误差（％）
L-1	对比梁	38.36	40.24	4.7
L-4	二次受力	59.14	63.42	6.3
L-9	一次受力	64.4	69.5	7.3

从上节的 ANSYS 模拟结果可以看出，其模拟计算的应力与试验结果以及理论在趋向上是一致的。但是应力、应变的计算结果与试验数据还是有一定的差距。分析其原因主要有以下几个方面。

首先，混凝土是一种非匀质材料，其材料参数不易把握。如开裂、闭合传递系数等,这使得混凝土的受力模拟,特别是开裂后模拟非常困难。

第二,利用 ANSYS 进行有限元模拟分析的模型和实际结构也存在差异。

第三,试验结果也受试验条件的影响。

第四,作者对 ANSYS 软件的掌握程度有限,特别是对混凝土单元的理解有限,也可能其中一部分参数的设定差异和一些操作步骤的问题对模拟结果造成一定的影响。

总而言之,无论是一次受力构件还是二次受力构件的模拟分析,其模拟的结果反映了试验所得结果的受力趋势,在一定范围内接近试验。

第23章 CFRP 筋加固钢筋混凝土梁的结论与展望

23.1 结论

为了全面研究 CFRP 筋加固钢筋混凝土梁抗弯受力性能,本书对 4 组 11 根钢筋混凝土梁进行了试验研究和理论分析,首先通过试验研究了 CFRP 筋加固钢筋混凝土梁抗弯破坏全过程、破坏形式及其影响因素,分析了一次受力梁和二次受力梁状态下的荷载—应变的发展关系;其次在试验结果的基础上对用 CFRP 筋加固钢筋混凝土梁抗弯理论作了简单探讨,并给出了相应的计算公式;最后又用有限元软件 ANSYS 对试验过程进行了模拟,并与试验结果和理论结果进行了比较。通过分析得出了以下结论。

(1)一次受力梁和二次受力梁中的钢筋混凝土梁都满足平截面假定。

(2)试验研究表明,采用 CFRP 筋加固混凝土梁,其开裂荷载和极限破坏荷载都有不同程度的提高,但极限破坏荷载提高的幅度更为明显。其中极限破坏荷载提高的幅度受锚固 CFRP 预应力筋的加固方式等参数影响,本次试验加固梁的破坏荷载提高幅度在 $46.8\% \sim 68.9\%$。

(3)纤维筋加固的钢筋混凝土梁的一次受力和二次受力梁,随着荷载的增加受压区高度分别减小和增大,逐渐接近。二者在应变上也是逐渐接近的。

(4)CFRP 筋在提高钢筋混凝土加固梁抗弯承载力的同时,还可以改善构件的变形能力,增加构件的延性。

(5)一次受力梁和二次受力梁的极限承载力的试验值与理论值都较为接近,说明在初始荷载不是很大的情况下对梁的极限承载力影响不大。在相同荷载条件下,一次受力梁的挠度小于二次受力梁的挠度。

(6)计算结果表明,二次受力对于 CFRP 筋加固混凝土受弯构件正截面极限承载力计算结果的影响是很小的,一般情况下可以忽略不计算。

(7)二次受力对于极限承载力的影响程度很小,但是对于屈服承载力的影响程度并非如此,因此不能笼统地认为二次受力对于加固受弯构件在考虑任何影响时都可以忽略。

（8）只考虑极限承载力时，可以直接用一次受力的方法进行近似，其误差在1.5％以内，这在实际设计时可以大大减少计算工作量。

（9）施加预应力浇砂浆后对于提高构件的承载力有一定的帮助，砂浆也可以保护预应力筋不被过早拉断。

（10）有限元程序ANSYS对混凝土结构的模拟与较多的因素相关，包括约束条件、单元类型的选择、网格剖分的密度、迭代与求解选用的方法。另外建模的结果与实际情况也有较大的差异，所以模拟结果与试验结果、理论计算结果都有一定的偏差，但是在趋势上是反应了受力机理。

23.2　展望

CFRP筋加固钢筋混凝土梁技术作为一种经济、高效的加固方法已经在工程实际中得到了广泛应用。对于CFRP筋加固混凝土梁的研究受到了广大科研人员的关注。本书对其中一些问题做了初步的探讨，但仍有很多问题需要进一步的研究。

（1）考虑"二次受力"影响采用"初始应变"控制，还是采用"滞后应变"控制，哪种因素更合理，更符合实际。

（2）在建立钢筋混凝土有限元模型时，如何用更有效的方法来模拟钢筋与混凝土间的滑移问题，以及预应力筋锚具的滑移问题。

（3）对于一次受力和二次受力梁的承载力的计算公式中的有些系数的选取，有待进一步深入研究。

（4）对复合材料加固混凝土结构的试验分析只限于试件分析，所做的研究缺乏工程实践验证，另外对材料的耐久性、湿度、温度的评价也缺乏综合考虑。

（5）预应力筋的预应力度要适当，否则会破坏钢筋混凝土梁的整体性。若预应力度不够，会影响加固效果，不能达到确保的设计承载力。

（6）CFRP筋加固的钢筋混凝土梁的非线性有限元模拟由于受到很多因素的影响，有些参数难以由试验确定，并且模型的建立与实际存在较大的差异，这使得有限元分析的结果在一定范围内浮动和偏差，但是反映了受力的趋势。为了更好地模拟这种结构，还要做更进一步的研究。

参考文献

[1]唐小军,宋晓玲.我国建筑物整体移位研究现状及需解决的问题[J].工业建筑,2005,35(增刊):834-836+878.

[2]李金秀.排架结构基础纠偏与顶升分析研究[D].天津:天津大学,2005.

[3]刘祖德.地基应力解除法纠偏处理[J].土工基础,1999(1):1-6.

[4]周清,刘祖德.既有建筑物地基加固和纠偏[J].土工基础,2002,16(1):17-20.

[5]杨钦鸿,张国庆.湿陷性黄土地基湿陷机理及地基处理方法[J].青海科技,2005(3):53-55.

[6]中国建筑科学研究院.既有建筑地基基础加固技术规范.JGJ 123—2000[S].中华人民共和国建设部,2000.

[7]胡军.冲淤纠偏加固施工技术[J].建筑技术,2002 年,33(6):417-419.

[8]王爱平等.掏土托换技术在软硬不均地基楼房纠偏加固中的应用[J].建筑技术开发,2001,28(7):4-5+34.

[9]虞利军,金凌志.软土地区浅基础建筑物托换纠偏[J].地质灾害与环境保护,2000,11(3):,253-257.

[10]鲁绪文,王伍军等.压桩掏土法在基础纠偏与托换加固过程中的应用[J].贵州工业大学学报(自然科学版),2003,32(3):97-100.

[11]郑俊杰,张建平等.软土地基上建筑物加固及综合纠偏[J].岩石力学与工程学报,2001,20(1):123-125.

[12]陈国政.桩式托换柱基纠偏与顶升工程实例[J].岩土工程学报,1993(02):59-67.

[13]卫龙武,陈文海等.某6层砖混房屋顶升纠偏:Ⅱ新工法[J].建筑结构,2002,32(11):6-7.

[14]郭彤,卫龙武.某6层砖混房屋顶升纠偏:Ⅰ设计[J].建筑结构,2002,32(11):3-5+13.

[15]许帮龙,贺志军.截桩纠偏与基础托换加固实例分析[J].浙江海洋

学院学报(自然科学版),2001,20(4):331-335+338.

[16]乌建中.上海东方明珠广播电视塔钢天线桅杆液压同步提升控制[J].液压气动与密封,1996(4):4-8.

[17]桂学.桥梁顶升技术研究[D].西安:长安大学,2005.

[18]蔡伟,吴炜,吴江.SLC同步顶升系统在转轮静平衡试验中的应用[J].新技术新工艺,2007(02):57-58.

[19]天津市狮子林桥整体抬升成功——天津城建集团完成我国第一座采用整体顶升改造的桥梁[J].天津建设科技,2003(05):35-36.

[20]史佩栋.日本的高压与超高压喷射注浆技术现状[J].建筑施工,1996(01):45-46.

[21]白云,沈水龙.建筑物移位技术[M].北京:中国建筑工业出版社,2006.

[22]张鑫,徐向东,都爱华.国外建筑物整体平移技术的进展[J].工业建筑,2002,32(7),1:1-3+6.

[23]John Lewis. Forged Master Cylinder Gives Lighthouse a Lift. Design News[M]. Boston,1999.

[24]潇然.液压控制技术在法国米劳大桥的应用[J].施工技术,2005(02):73-75.

[25]K H Yang. Pile Reaction Technology and GAC Bolt Tension Technology[M]. Korea E&C,2007.

[26]吴二军,李爱群等.江都市供电楼双向整体平移工程静动态实时监测[J].工业建筑,2003,33(10):75-77+91.

[27]李小波,李国雄.整体顶升技术在房屋改建工程中的应用[J].施工技术,2001,30(2):22-24.

[28]建筑桩基技术规范:JGJ 94—2008[S].北京:中国建筑工业出版社,2008.

[29]混凝土结构设计规范:GB 50010—2010[S].北京:中国建筑工业出版社,2016

[30]阮长青.钢管桩设计中的若干问题探讨[J].地下空间,2003,23(1):87-89+99-110.

[31]魏明钟.钢结构[M].2 版.武汉:武汉理工大学出版社,2005.

[32]顾孝烈,鲍峰,程效军.测量学[M].3 版.上海:同济大学出版社,2006.

[33]吴二军,等.江南大酒店平移工程静态和动态实时监测[J].建筑结构,2001(12):11-14.

[34]鲍广鉴,陈柏全,曾强.空间钢结构计算机控制液压整体提升技术[J].施工技术,2005(10):5-7.

[35]赵明华.桥梁桩基计算与检测[M].北京:人民交通出版社,2000.

[36]罗骐先.桩基工程检测手册[M].北京:人民交通出版社,2003.

[37]吴丽珠.浅谈钢管混凝土在桩基中的应用[J].福建建筑,2007,9:58-59.

[38]黄明奎,汪稔,李斌,等.钢管混凝土结构在桩基工程中的应用探讨[J].岩土力学,2003,10(24):550-552.

[39]钟善桐.钢管混凝土结构[M].北京:清华大学出版社,2003.

[40]傅祥卿.超长桩屈曲稳定分析[D].上海:上海大学,2008.

[41]王玉琳.海淤地质条件下钢管混凝土桩失稳对承载力影响的研究[J].建筑科学,2008,11(24):73-76.

[42]张明义.静力压入桩的研究与应用[M].北京:中国建材工业出版社,2004.

[43]任重.ANSYS实用分析教程[M].北京:北京大学出版社,2003.

[44]祝效华,余志祥.ANSYS高级工程有限元分析范例精选[M].北京:电子工业出版社,2004.

[45]郝文化.ANSYS土木工程应用实例[M].北京:中国水利水电出版社,2005.

[46]刘大海等.结构抗震构造手册[M].北京:中国建筑工业出版社,2006。

[47]范文田.地下墙柱静力计算[M].北京:人民铁道出版社,1978.

[48]朱荣芳.软土中细长桩稳定性分析[J].山西建筑,2010,36(5):98-100.

[49]雷文军,李少云,魏德敏.软土中小直径桩的稳定性问题[J].工程力学,2003,增刊:106-110.

[50]建筑地基基础设计规范:GB 50007—2011[S].北京:中国建筑工业出版社,2012.3.

[51]钢结构设计标准:GB 50017—2017[S].北京:中国建筑工业出版社,2018.7.

[52]魏明钟.钢结构[M].2版.武汉:武汉理工大学出版社,2002.

[53]华南理工大学,东南大学,浙江大学,湖南大学.地基及基础[M].3版.北京:中国建筑工业出版社,1998.

[54]杨克己.实用桩基工程[M].北京:人民交通出版社,2004.

[55]赵明华,盛洪飞.桥梁地基与基础[M].北京:人民交通出版社,2004.

[56]赵明华.桥梁基桩稳定计算长度[J].工程力学,1987,4(1):94-105.

[57]崔树琴,殷和平.单桩竖向失稳的密度理论分析[J].山西建筑,2007,33(35)::112-113.

[58]刘利民,舒翔,熊巨华.桩基工程的理论进展与工程实践[M].北京:中国建材工业出版社,2002.

[59]韩林海,杨有福.现代钢管混凝土结构技术[M].北京:中国建筑工业出版社,2004.

[60]胡曙光,丁庆军.钢管混凝土[M].北京:人民交通出版社,2007.

[61]蔡绍怀.现代钢管混凝土结构[M].北京:人民交通出版社,2003.

[62]刘恩.桩柱式高桥墩桩基稳定性分析与室内模型试验研究[D].湖南:湖南大学,2007.

[63]袁文阳,周小玲,冯妍,等.结构顶升工程中静压钢管桩承载力分析[A].特种工程新技术[C],2009:107-111.

[64]刘金砺.K法计算受侧向受力桩存在的问题[J].建筑科学,1987,(2):31-37.

[65]吉林省交通科学研究所,交通部公路规划设计院.公路桥梁钻孔桩计算手册[S].人民交通出版社,1981:47-53.

[66]夏志斌,潘有昌.结构稳定理论[M].北京:高等教育出版社,1988.

[67]陈绍蕃.钢结构设计原理[M].2版.北京:科学出版社,1998.

[68]陈骥.钢结构稳定理论与设计[M].2版.北京:科学出版社,2001.

[69]何雄军,周莉娜,王启武.有限元法求解基桩的屈曲临界荷载[J].武汉理工大学学报,2003,25(6):25-27.

[70]仇元忠.基于突变理论及能量法的超长桩屈曲分析[D].上海:上海大学硕士论文,2008.

[71]孙会方,张为民.钢管桩复合地基的应用[J].工程勘察,2003,1:49-51.

[72]李希.浅谈静力压入桩技术[J].四川建筑科学研究,2006,10(32):137-139.

[73]赵作林,巩新阁.静压桩工程的质量控制[J].南北桥,2009,2:162.

[74]甘学庆.混凝土梁侧向粘贴碳纤维布的抗弯性能分析[D].北京:北京工业大学,2005.

[75]李立.体外预应力法加固钢混凝土梁的抗弯性能研究及其与粘钢法加固的对比试验研究[D].北京:北京工业大学,2003.

[76]黄聪.CBF加固钢筋混凝土梁抗弯性能研究[D].武汉:武汉大学,2006

[77]王飙鹏,张伟.玄武岩纤维的性能与应用[J].建材技术与应用,2002,4:17-18.

[78]胡显奇,罗益锋,申屠年.玄武岩连续纤维及其复合材料[J].高科技纤维与运用,2002,4:1-5+11.

[79]石钱华.国外连续幺武岩纤维的发展及其应用[J].玻璃纤维,2003(4):27-31.

[80]高作平,陈明祥.混凝土结构粘结加固技术新发展[M].北京:中国水利水电出版社,1999.

[81]陈阳,王岚,李振伟.玄武岩纤维性能及应用[J].新型建筑材料,2000(08):28-31.

[82]侯发亮.建筑结构粘界加固的理论与实践[M].武汉:武汉大学出版社,2003.

[83]湖南大学,太原工业大学,福州大学.建筑结构试验[M].2版.北京:中国建筑工业出版社,2000,12.

[84]混凝土结构试验方法标准:GB/T 50152—2012[S].北京:中国建筑工业出版社,2012.7

[85]黄慧明,易伟建.粘贴碳纤维片材加固钢筋混凝土梁正截面承载力试验研究[J].湖南大学学报,2001,6:121-126.

[86]陈小兵.碳纤维材料加固钢筋混凝土梁的试验研究[J].工业建筑,1998,28(11):6-10.

[87]叶列平,崔卫,等.碳纤维布加固混凝土构件正截面受弯承载力分析[J].建筑结构,2001年3月:3-5+12.

[88]牛斌.体外预应力混凝土梁极限状态分析[J].土木工程学报,2000,33(3):7-15.

[89]Nihal Ariyawaradena. Prestressed Concret with Internal or External Tendons:Behaviour and Anslysis:[Ph. D Dissertation]. The University of Calgary,Canada,2000.

[90]熊学玉.体外预应力结构设计[M].北京:中国建筑工业出版社,2005.

[91]牛斌.体外预应力混凝土梁抗弯强度及变形性能[D].北京:铁道科学研究院,1992.

[92]牛斌.体外预应力混凝土梁弯曲性能分析[J].土木工程学报,1999,32(4):37-44.

[93]林同炎.NED H. BURNS.预应力混凝土结构设计[M].3版.北京:中国铁道出版社,1983.

[94]朱伯龙,董振祥.钢筋混凝土非线性分析[M].上海:同济大学出版

社,1984.

[95]A. E. Naaman and J. E. Breen. External prestressing in bridges. SP-120,ACI Detriot,1990.

[96]周婷.碳纤维和钢板复合加固钢筋混凝土梁试验研究[D].武汉:武汉大学,2004.

[97]郑文忠,李和平,王英.超静定预应力混凝土结构塑性设计[M].哈尔滨:哈尔滨工业大学出版社,2002.

[98]庄芸.预应力碳纤维布加固二次受力抗弯性能研究[D].武汉:武汉大学,2006.

[99]刘玉林.体外 CFRP 筋预应力梁试验研究[D].天津:天津大学,2005.

[100]彭晖.预应力碳纤维布加固混凝土受弯构件的试验研究[D].长沙:湖南大学,2002.

[101]孟履祥.纤维塑料筋部分预应力混凝土梁受弯性能研究[D].北京:中国建筑科学研究院,2005.

[102]孔琴.预应力碳纤维布加固钢筋混凝土梁受弯性能的试验研究[D].郑州:郑州大学,2005.

[103]裴杰.体外预应力 CFRP 筋局部加固混凝土梁的试验研究[D].北京:北京工业大学,2006.

[104]王晓东,李进洲.体外预应力加固桥梁正截面强度的计算[J].公路交通科技,2006,23(2):98-101.

[105]朱伯龙.有限元法原理与应用[M].北京:中国水利水电出版社,1998.

[106]叶裕明,刘春山,沈火明,等.ANSYS 土木工程应用实例[M].北京:中国水利水电出版社,2005.

[107]结构理论与工程实践—中华钢结构论坛精华集.WWW. okok. org. 北京:中国计划出版社,2006:477-484.

[108]徐鹤山.ANSYS 在建筑工程中的应用[M].北京:机械工业出版社,2005.

[109]熊学玉.体外预应力混凝土结构非线性分析技术进展[J].工业建筑,2004,7(34):54-56.

[110]吴晓涵,吕西林.外张预应力钢筋混凝土结构非线性有限元分析[J].建筑结构学报,2001(10):1-5+10.

[111]沈殷,李国平,陈艾荣.体外预应力混凝土梁的非线性有限元分析[J].同济大学学报,2003,7(31):803-807.

[112]张耀辉,孟庆峰,李延强.体外预应力加固混凝土简支梁非线性分析[J].四川建筑科学研究,2002,1(28):32-34.

[113] Harajli M, Khairallah N, Nassif H. Externally Prestressed Members:Evallustion of Second-Order Effects[J]. Journal of Structural Engineering,1999,October:1151-1161.

[114]吕西林,金国芳,等.钢筋混凝土结构非线性有限元理论与应用[M].上海:同济大学出版社,1997,109-125.

[115]倪文勇.体外预应力混凝土简支梁非线性分析[D].武汉:华中科技大学,2005.

[116]李皓月,周田朋,刘相新.ANSYS工程计算应用教程[M].北京:中国铁道出版社,2003.

[117]盛和太,喻海良,范训益.ANSYS有限元原理与工程应用实例大全[M].北京:清华大学出版社,2006.

[118]李黎明.ANSYS有限元分析实用教程[M].北京:清华大学出版社,2005.

[119]万墨林,韩继云.混凝土结构加固技术[M].北京:中国建筑工业出版社,1995.

[120]中国工程建设标准化协会.CECS25:90混凝土结构加固技术规范[M].北京:中国计划出版社,1991.

[121]王传志,滕智明.钢筋混凝土结构原理[M].北京:中国建筑工业出版社,1985.

[122]侯发亮.建筑结构粘结加固的理论与实践[M].武汉:武汉大学出版社,2003.

[123]中华人民共和国建设部.混凝土结构设计规范GB50010-2002[M].北京:中国建筑工业出版社,1998.

[124]陈惠发著;余天庆,王勋文.土木工程材料的本构关系[M].刘再华,译.武汉:华中科技大学出版社,2001.

[125]徐有邻,周氏.混凝土结构设计规范理解与应用[M].北京:清华大学出版社,2002.

[126]徐芸,碳纤维板加固钢筋混凝土梁的一次受力构件和二次受力构件的试验研究[D].武汉大学,2003.

[127]陈精一,蔡国忠.电脑辅助工程分析:ANSYS使用指南[M].北京:中国铁道出版社,2001.

[128]林金木.有限单元法变分原理与应用[M].长沙:湖南大学出版社,2003.

[129]康清梁.钢筋混凝土有限元分析[M].北京:中国水利水电出版社,1996.

[130]董哲仁.钢筋混凝土非线性有限元法原理与应用[M].北京:中国水利水电出版社,2002.

[131]沈蒲生,罗国强,混凝土结构疑难释义[M].2版.北京:中国建筑工业出版社,1998.9.

[132]房贞政.无粘结与部分预应力结构[M].北京:人民交通出版社,1999.

[133]中华人民共和国行业标准.无粘结预应力混凝土技术规程:JGJ/T92-93[M].北京:中国计划出版社,1993.

[134]车惠民,等.部分预应力混凝土[M].成都:西南交通大学出版社,1992.

[135]薛伟辰.现代预应力结构设计[M].北京:中国建筑工业出版社,2003.

[136]熊学玉,黄鼎业.预应力工程设计施工手册[M].北京:中国建筑工业出版社,2003.

[137]李国平.预应力混凝土结构设计原理[M].北京:中国建筑工业出版社,2000.

[138]J G Teng,J F Chen,S T Smith,et al. FRP-strengthed RC Structures[M]. New York:Wiley,2002.

[139]L C Hollaway. Strengthening of reinforced concrete structures Using externally-bonded FRP composites in structural and civil engineering[J]. ACI Structural Journal. 1999,92(4):130-138.

[140]陶学康,孟履祥,关建光,等.纤维增强塑料筋在预应力混凝土结构中的应用[J].建筑结构,2004,34(4):63-71.

[141]薛伟辰,刘华杰,王小辉.新型 FRP 筋粘结性能研究[J].建筑结构学报,2004,25(2):104-109+123.

[142]胡孔国,陈小兵,岳清瑞,等.考虑二次受力碳纤维布加固混凝土构件正截面承载力计算[J].建筑结构,2001,31(7):63-65.

[143]薛伟辰.新型 FRP 筋预应力混凝土梁试验研究与有限元分析[J].铁道学报,2003,25(5):103-108.

[144]Nabil F Grance. Response of CFRP prestressed concrete bridges under Static and repeated loadings[J]. PCI Journal,2000:84-102.

[145]张作诚.碳纤维筋增强混凝土的试验研究及力学性能分析[D].南京:河海大学,2005.

[146]徐新生,彭亚萍,王悦.浅议碳纤维筋基本性能及研究现状[J].高科技纤维与应用,2001,26(1):27-29.

[147]赵亮,茆林.纤维增强塑料在混凝土结构中的应用[J].安徽建筑,2003,4:125-126.

[148]王文炜,李果.纤维增强塑料(FRP)在混凝土结构中的研究与应用[J].混凝土,2001,10:37-39.

[149]Charles W. Dolan,FRP Prestressing in U. S. A[J]. Concerete International,1999,(10):21-24

[150]高丹盈,朱海堂,谢晶晶.纤维增强塑料锚杆及其应用[J].岩石力学与工程学报,2004,23(13):2205-2210.

[151]吴寅.碳纤维增强混凝土构件的力学性能研究[J].大连大学学报,1999,20(6):25-30.

[152]郑国栋,侯发亮.二次受力对CFRP加固混凝土梁正截面极限承载力计算结果的影响[J].工业建筑,2004,34(5):73-75.

[153]曹国辉,方志,吴继锋.FRP片材加固钢筋混凝土梁二次受力试验研究[J].建筑结构,2005,(3):30-32+27.

[154]王滋军,刘伟庆,姚秋来,等.考虑二次受力的碳纤维加固钢筋混凝土梁抗弯性能的试验研究[J].工业建筑,2004,34(7):85-87.

[155]张富春.建筑物鉴定、修复、加固和改造技术的现状与展望[J].地基基础工程,1993,3(3):321-324.

[156]宋中南.我国混凝土结构加固修复业技术现状与发展对策[J].混凝土,2002,156(10):1010-1011.

[157]何朝阳,徐春恒,杨太文.建筑物维修加固技术综述[J].基建优化,2005,26(3):392-394.

[158]天津大学,东南大学,同济大学.混凝土结构设计原理[M].北京:中国建筑工业出版社,2002.

[159]江见鲸.钢筋混凝土结构非线性有限元分析[M].西安:陕西科学技术出版社,1994.

[160]王天稳.土木工程结构试验[M].武汉:武汉理工大学出版社,2003.

[161]任重.ANSYS实用分析教程[M].北京:北京大学出版社,2003.

[162]祝效华,余志祥.ANSYS高级工程有限元分析范例精选[M].北京:电子工业出版社,2004.